U0170850

茶經校注

〔唐〕陸羽 撰
沈冬梅 校注

中華書局

圖書在版編目(CIP)數據

茶經校注/(唐)陸羽撰;沈冬梅校注. —北京:中華書局,2021.4
ISBN 978-7-101-15098-8

Ⅰ.茶… Ⅱ.①陸…②沈… Ⅲ.①茶文化-中國-古代②《茶經》-注釋 Ⅳ.TS971.21

中國版本圖書館CIP數據核字(2021)第038161號

書　　名　茶經校注
撰　　者　〔唐〕陸　羽
校 注 者　沈冬梅
責任編輯　胡　珂　曾惠敏
封面題簽　徐　俊
出版發行　中華書局
　　　　　(北京市豐臺區太平橋西里38號　100073)
　　　　　http://www.zhbc.com.cn
　　　　　E-mail:zhbc@zhbc.com.cn
印　　刷　北京瑞古冠中印刷廠
版　　次　2021年4月北京第1版
　　　　　2021年4月北京第1次印刷
規　　格　開本/850×1168毫米　1/32
　　　　　印張8½　插頁2　字數150千字
印　　數　1-5000册
國際書號　ISBN 978-7-101-15098-8
定　　價　29.00元

目　録

前　言

一　作者陸羽

茶經三卷十篇，唐復州竟陵陸羽（733—804）撰。

陸羽，字鴻漸，一名疾，字季疵。唐復州竟陵（今湖北天門）人。居吴興（今浙江湖州），號竟陵子；居上饒（今屬江西），號東崗子；於南越（今嶺南），稱桑苧翁。羽自傳云其不知所生，三歲時被遺棄野外，龍蓋寺（後名爲西塔寺）僧智積於水濱得而收養之。及長，以易自筮，得蹇之漸卦曰："鴻漸于陸，其羽可用爲儀。"遂以爲名姓，姓陸名羽字鴻漸。一説因智積俗姓陸，故羽以陸爲姓（見因話録卷三）。

羽九歲，學屬文。智積欲令其學佛，"示以佛書出世之業"，而羽心向儒，答曰："終鮮兄弟，無復後嗣，染衣削髮，號爲釋氏，使儒者聞之，得稱爲孝乎？羽將校孔氏之文，可乎？"積公屢勸不從，因罰以掃寺地、潔僧厠、踐泥圬牆、負瓦施屋、牧牛等重務。在這些沉重勞動之餘，陸羽仍然堅持識文學字。没有紙練習寫字，就用竹枝在牛背上寫。有一次向學者請教不認識的字時，從學者那裏得到一份張衡的南都賦，雖然不能盡識其字，陸羽還是仿照着學童的樣子，在放牛的草地上正襟危坐，對着打開的南都賦嚅動嘴巴，好似在念書。智積知道陸羽堅持學習的情況後，怕他"漸漬外典"，看多了佛家之外的典籍，心去佛道日遠，就將陸羽拘束在寺中，"芟翦榛莽"，並派門人之伯看管他。陸羽一邊幹活一邊默頌所學，"或時心記文字，懵焉若有所遺，灰心木立，過日不作，主者以爲慵惰，鞭之，因歎'歲月往矣，恐不知其書'，嗚咽不自勝。主者以爲蓄怒，又鞭其背，折其楚，乃釋。因倦所役，捨主者而去。"（陸文學自傳）陸羽不堪困辱逃寺而去，投靠當地戲班，弄木人、假吏、藏珠之戲，演戲爲生，很快顯現才華，著謔談三篇。

唐玄宗天寶五載（746），州人聚飲於滄浪之洲，邑吏以羽爲伶正之師，參加歡慶活動。時河南太守李齊物謫守竟陵，見羽而異之，撫背讚歎，親授詩集。此後，陸羽負書火門山鄒夫子門下，受到了正規教育。天寶十一載（752），禮部郎中崔國輔貶爲竟陵司馬，很賞識陸羽，相與交遊三年，品茶論水，詩詞唱和，雅意高情，一時所尚，有酬酢詩歌合集流傳。崔國輔離開竟陵與陸羽分別時，以白驢烏犎一頭、文槐書函一枚相贈，全唐詩卷一一九今存崔國輔今別離一首，疑爲二人離別之作。李齊物的賞識及與崔國輔的交往，使陸羽得以躋身士流、聞名文壇。

天寶十四載（755），安禄山叛，次年入潼關，玄宗奔蜀。肅宗至德初（756），北方人大量南遷以避戰禍，正在今陝西遊歷的陸羽亦隨流民渡江南行。至德二載（757），陸羽至無錫，遊無錫山水，品惠山泉，結識時任無錫尉的皇甫冉。行至浙江湖州，與詩僧皎然結爲緇素忘年之交，曾與之同居妙喜寺。乾元元年（758），陸羽寄居南京棲霞寺研究茶事。其間皇甫冉、皇甫曾兄弟數次來訪。肅宗上元元年（760），陸羽隱居湖州，結廬苕溪之湄，閉關對書。

上元二年（761），陸羽作自傳一篇（後人題爲陸文學自傳）。其中記叙至此時他已撰寫的衆多著述，有茶經三卷、吴興歷官記一卷、南北人物志十卷等。代宗廣德二年（764），陸羽赴江蘇考察茶事。在維揚（今江蘇揚州）適遇宣慰江南的御史大夫李季卿，李邀羽煎茶，品第天下宜茶之水，李録之爲水品。代宗大曆二年（767）至三年間，陸羽在常州義興縣（今江蘇宜興）君山一帶訪茶品泉，建議常州刺史李栖筠上貢陽羡茶。紀異録記陸羽於代宗時應詔進京，代宗命陸羽煎茶賜積公。大曆五年（770）三月以後，陸羽寄茶與祭酒楊綰："顧渚山中紫笋茶兩片，此物但恨帝未得嘗，實所歎息。一片上太夫人，一片充昆弟同歡"（南部新書卷五）。大曆八年（773）正月，顔真卿到湖州刺史任。春，大理少卿盧公幼平承詔祭會稽山，將山陰古卧石一枚擕至湖州送與陸羽，皎然作蘭亭古石橋柱讚并序記其事。夏六月，陸羽應顏真卿約參加其主編的韻海鏡源編撰工作。桂香時節，陸羽折桂賦詩寄顏真卿，顏作謝陸處士杼山折青桂花見寄之什。冬十月，顏真卿建新亭在妙喜寺左落成，因時在癸丑年、癸卯月、癸亥日竣工，陸羽爲之題名曰“三癸亭”。顏作題杼山癸亭得暮字，皎然步和作奉和顏使君真卿與陸處士羽登妙喜寺三癸亭。顏真卿、皎然、陸羽等又作水亭泳風聯句、溪館聽蟬聯句、月夜啜茶聯句、喜皇甫曾侍御見過南樓翫月聯句等（並見全唐詩卷七八八）。大曆九年（774）春，陸羽等完成韻海鏡源修訂，顏真卿設宴慶賀，共作水堂送諸文士戲贈藩丞聯句。夏，耿湋以右拾遺出使江淮，與陸羽作連句多暇贈陸三山人。大曆十年（775），陸羽在湖州建青塘別業。皎然、李萼等前往祝賀，皎然作同李侍御萼李判官集陸處士羽新宅（全唐詩卷八一七），適義興太守權德輿慕名造訪，皎然作喜義興權明府自君山至集陸處士羽青塘別業（同前）。本年陸羽曾隨李縱赴無錫，撰遊惠山寺記（全唐文卷四三三）。

顏真卿於大曆十二年（777）離開湖州刺史任，以年七十請致仕未獲允，十三年入朝任刑部尚書。現有研究認爲當是顏真卿入朝之後，在適當的機會奏授陸羽官職，乃除太常寺太祝。建中元年（780）五月，戴叔倫出任東陽縣令，從其詩題“敬酬陸山人”來看，陸羽此時尚未被授予官職。建中三年，戴叔倫赴江西李皋幕，陸羽隨之離開湖州移居江西。德宗貞元元年（785），陸羽移居信州（今江西上饒），孟郊往訪，有題陸鴻漸上饒新開山舍詩（全唐詩卷三七六）。貞元二年（786）歲暮，陸羽移居洪州玉芝觀。戴叔倫辭撫州刺史回，與羽相聚洪州。歲除日戴叔倫因事被牒赴撫州辯對，作歲除日奉推事使牒追赴撫州辨對留別崔法曹陸太祝處士上人同賦人字口號（全唐詩卷二七四）。陸羽信任戴氏無罪，有詩作相贈。戴叔倫辯證無罪後作撫州被推昭雪答陸太祝三首（同前）。貞元三年（787）春，權德輿作有蕭侍御喜陸太祝自信州移居洪州玉芝觀詩序（全唐文卷四九〇）。同年，陸羽受裴胄邀請，自洪州赴湖南幕府。權德輿作有送陸太祝赴湖南幕同用送字詩，詩云："不憚征路遥，定緣賓禮重。新知折柳贈，舊侣乘籃送。此去佳句多，楓江接雲夢。"（全唐詩卷三二四）貞元五年（789）之前，陸羽由湖南赴嶺南，入廣州刺史、嶺南節度使李復（李齊物之子）幕。在容州與病中戴叔倫相逢。貞元五年正月，陸羽爲王維所作孟浩然畫像作序。到廣州後，陸羽的官銜爲太子文學，很可能是李復奏授。陸羽約在貞元九年（793）由嶺南返回江南。此後陸羽行歷不明。貞元二十年（804）冬，陸羽卒於湖州，葬杼山，與皎然磚塔相對。（一説陸羽晚年回故鄉竟陵卒。）

時人稱陸羽"詞藝卓異，爲當時聞人"（權德輿蕭侍御喜陸太祝自信州移居洪州玉芝觀詩序），"有文學，多意思，恥一物不盡其妙，茶術尤著"（唐國史補卷中）。後人評陸羽"工古調歌詩，興極閒雅，著書甚多"（唐才子傳卷八）。

陸羽又擅書法，嘗爲唐吴縣永定寺書額。

陸羽在文學、史學、茶文化學與地理、方志等方面都取得了很大的成就，然而在其身後，影響至深、流傳最廣的是他所著茶經。“自從陸羽生人間，人間相學事春茶。”（梅堯臣次韻和永叔嘗新茶雜言）陸羽在當時就爲人奉爲茶神、茶仙。在連句多暇贈陸三山人詩中，耿湋即稱陸羽“一生爲墨客，幾世作茶仙”。李肇唐國史補已記載唐後期時人們已經將陸羽作爲茶神看待：“鞏縣陶者多瓷偶人，號陸鴻漸，買數十茶器得一鴻漸，市人沽茗不利，輒灌注之。”唐才子傳稱陸羽茶經“言茶之原、之法、之具，時號‘茶仙’”，此後“天下益知飲茶矣”。陸羽及其茶經對茶業及茶文化的發生、發展起着不可磨滅的創始作用。

二　茶經的撰寫、修改與主要内容

陸羽幼年在龍蓋寺時要爲智積師父煮茶，煮的茶非常好，以至於陸羽離開龍蓋寺後，智積便不再喝别人爲他煮的茶，因爲别人煮的茶都没有陸羽煮的合乎積公的口味（紀異録）。幼時的這段經歷對陸羽影響至深，它不僅培養了陸羽的煮茶技術，更重要的是激發了陸羽對茶的無限興趣。陸羽青年時與貶官於竟陵的崔國輔“遊三歲，交情至厚，謔笑永日。又相與較定茶、水之品……雅意高情，一時所尚”（唐才子傳卷一），成爲文壇嘉話。與崔國輔分别後，陸羽開始了個人遊歷，他首先在復州鄰近地區遊歷。

天寶十四載（755）安禄山叛亂時，陸羽在陝西，隨即與北方移民一道渡江南遷，如其自傳中所説“秦人過江，予亦過江”。在南遷的過程中，陸羽隨處考察了所過之地的茶事。與其交往的皇甫冉、皇甫曾、皎然等寫有多首與陸羽外出采茶有關的詩。上元初，陸羽隱居湖州，與釋皎然、玄真子張志和等名人高士爲友，“結廬於苕溪之湄，閉關對書，不雜非類，名僧高士，談讌永日”。同時陸羽撰寫了大量的著述，至上元辛丑歲（二年，761）已作有君臣契三卷，源解三十卷，江表四姓譜八卷，南北人物志十卷，吴興歷官記三卷，湖州刺史記一卷，茶經三卷，占夢三卷等多種著述（陸文學自傳）。茶經是所有這些著述中唯一傳存至今的著作。

關於茶經成書的時間，學界有 760 年、764 年、775 年三種意見。三説各有所據，然皆有偏頗。應是茶經經歷了初稿及修改稿的過程，而且其初稿、修改稿皆有流傳。

茶經初稿完成於上元二年（761）之前，因爲在這年陸羽寫了自傳，其中記述他已完成的著作中有茶經一項，則茶經初稿定撰成於上元辛丑歲撰寫自傳之前。日本布目潮渢先生根據茶經八之出所列地名研究發現，茶經所載産茶州縣地名，除極個别外，都是 758—761 年之間所改名，表明茶經寫作時間當是在 758—761 年之間。這從另一角度證明茶經寫作時間當是在 761 年之前。

陸羽在茶經四之器記述自己所製風爐一足上刻有“聖

唐滅胡明年鑄”語，一般據此認爲，茶經在764年之後曾作修改。布目潮渢先生據詩人元結（719—772）大唐中興頌詩認爲肅宗回到長安的至德二載（757）爲唐中興且“滅胡”的年份。按此論頗有不妥。雖然可以肅宗回長安爲大唐中興的標誌，但卻不能説是此年已經“滅胡”了。至德二載正月，安禄山爲其子安慶緒所殺。九月，唐軍攻克長安。史思明降而復反，與安慶緒遥相聲援。乾元元年（758）九月，唐廷派郭子儀、李光弼等九節度使統兵二十餘萬（後增至六十萬）討安慶緒。次年三月，史思明率兵來援，唐軍六十萬衆潰於城下。史思明殺安慶緒，還范陽，稱大燕皇帝。九月，攻佔洛陽，與唐軍相持年餘。上元二年（761）二月，李光弼攻洛陽失敗。三月，史思明爲其子史朝義所殺。寶應元年（762）十月，唐借回紇兵收復洛陽，史朝義奔莫州，於次年即廣德元年（763）正月又逃往范陽，爲其部下所拒，窮迫自殺，歷時七年又兩個月的安史之亂，至此始告徹底平定。

據成書於八世紀末的唐封演封氏聞見記卷六飲茶載：

> 楚人陸鴻漸爲茶論，説茶之功效，並煎茶、炙茶之法，造茶具二十四事以都統籠貯之，遠近傾慕，好事者家藏一副。有常伯熊者，又因鴻漸之論廣潤色之。於是茶道大行，王公朝士無不飲者。御史大夫李季卿（？—767）宣慰江南，至臨淮縣館，或言伯熊善茶者，李公請爲之。伯熊著黄被衫、烏紗帽，手執茶器，口

> 通茶名，區分指點，左右刮目。茶熟，李公爲歠兩杯而止。既到江外，又言鴻漸能茶者，李公復請爲之。鴻漸身衣野服，隨茶具而入。既坐，教攤如伯熊故事，李公心鄙之，茶畢，命奴子取錢三十文酬煎茶博士。鴻漸遊江介，通狎勝流，及此羞愧，復著毀茶論。

這是表明茶經在 764 年前後有不同版本的另一證據。茶經在 758—761 年完成初稿之後就廣爲流行（唯曾被人稱名爲茶論而已），北方的常伯熊就因之而潤色，並以其中所列器具行茶事。御史大夫李季卿宣慰江南，行次臨淮縣，常伯熊爲之煮茶。季卿行江南在 764 年，則常伯熊得陸羽茶經而用其器習其藝當更在 764 年之前，而茶經四之器風爐足上銘文“聖唐滅胡明年鑄”語表明，在唐朝徹底平定安史之亂後的第二年即 764 年，陸羽曾對茶經作過修改。衹不過茶經的初稿至今再也無法得見鱗爪。

而在 773 年應邀參加韻海鏡源的編撰工作成爲陸羽修改茶經的新契機，有論者以爲陸羽應顔真卿邀參加其主編的韻海鏡源編纂工作時，接觸了大量的文獻，有助於他在 774 年完成編纂工作後補充修改茶經七之事中與茶有關的歷史、醫藥、文學的文獻記録，陸羽當憑藉從中所獲的大量文獻資料對茶經部分内容，尤其是七之事部分進行補充修改。這一推論合乎情理。不同意 775 年之後茶經再度修改者，以韻海鏡源有關茶的資料尚有三條未全入茶經七之事，推證陸羽未用韻海鏡源資料補充茶經七之事，則亦未見得。

如王褒僮約一條，可能就是陸羽故意不選用的。不選入的理由，可能這茶事是僮僕所爲之事，一爲買茶二爲浄具，不符合茶經七之事選取名人茶事以助茶成經的出發點。

另有布目潮渢先生認爲陸羽年輕時無從讀得偌多的文獻從中找到四十多條茶的資料，他尋求陸羽的知識來源，以爲來自南北朝時的一種類書，且此類書共爲茶經及太平御覽編撰者的知識來源。布目先生可能是太小覷中國古代的讀書人了，雖説古時書不易得而讀之，但像陸羽“負書火門山鄒夫子”那樣一旦受教於學者，豈非可得書而讀？且從陸羽到湖州不久就寫出湖州歷官記之類的著述來看，陸羽在讀書、著述方面是很有才華的。並且茶經、太平御覽茶事資料共源論，亦不足以解釋在太平御覽所用陸羽之後材料 12 條之外，二者尚有 11 條未共用的材料。所以説，推論茶經七之事曾經過補充是合乎情理的。

有研究者認爲茶經約正式刊行於 780 年左右。這一推論有一定道理，因爲此後陸羽曾較長時間定居江西，卻未如在浙江湖州時那樣，將所經歷地的茶産，細緻記入茶經八之出茶産地的小注中。其後所經歷的湖南、廣東等地區也未有茶産地加入茶經八之出。抑或陸羽曾再修改補充茶經内容，但是因爲其同時代的名人文友皆已殁世凋零，陸羽文名不再盛，不能再助其文行傳於世亦未可知。

茶經上、中、下三卷十篇，内容十分豐富。卷上一之源言茶之本源、植物性狀、名字稱謂、種茶方式及茶飲的儉德之性；二之具叙採製茶葉的用具尺寸、質地與用法；三之造論採製茶葉的適宜季節、時間、天氣狀況，以及對原料茶葉的選擇、製茶的七道工序、成品茶葉的品質鑒别。卷中四之器記煮飲茶的全部器具，計二十四組三十種。全套茶具的組合使用體現着陸羽以“經”名茶的思想，風爐、鍑、夾、漉水囊、碗等器具的材質使用與形制設計，則具體體現出陸羽五行協諧的和諧思想、入世濟世的儒家理想以及對社會安定和平的渴望。而陸羽在關注世事的同時，又滿懷山林之志，是典型的中國傳統人文情懷。卷下五之煮介紹煮茶程式及注意事項，包括炙茶碾茶、宜火薪炭、宜茶之水、水沸程度、湯花之育、坐客碗數、乘熱速飲等方面。六之飲强調茶飲的歷史意義由來已久，區分除加鹽之外不添加任何物料的單純煮飲法與夾雜許多其他食物淹泡或煮飲的區别，認爲真飲茶者衹有排除克服飲茶所有的“九難”，才能領略茶飲的奥妙真諦。七之事詳列歷史人物的飲茶事、茶用、茶藥方、茶詩文以及圖經等文獻對茶事的記載。八之出列舉當時全國各地的茶産並品第其品質高下，而對於不甚瞭解地區的茶産，則誠實地謙稱“未詳”。九之略列舉在野寺山園、瞰泉臨澗諸種飲茶環境下種種可以省略不用的製茶、煮飲茶用具，再次體現陸羽的林泉之志。爲了避免讀者因九之略誤解寫作茶經的濟世思想，陸羽在本篇的最後强調，“但城邑之中，王公之門，二十四器闕一，則茶廢矣”，説衹有完整使用全套茶具，體味其中存在的思想規範，茶道才能存而不廢。十之圖講要用絹素書寫全部茶經，張掛在平常可以看得見的地方，使其内容目擊而存、爛熟於胸，這樣茶經才真正完整了。

三　茶經的流傳及刊刻

據現存資料及現代相關研究推測，茶經在唐代當有至少三種版本：

1. 758—761 年的初稿本；
2. 764 年之後的修改本；
3. 775 年之後的修改本。

唐代茶經的版本今已無法窺見其貌，五代的情況亦未可知。

北宋陳師道茶經序云：

> 陸羽茶經，家傳一卷，畢氏、王氏書三卷，張氏書四卷，内外書十有一卷。其文繁簡不同，王、畢氏書繁雜，意其舊文；張氏書簡明與家書合，而多脱誤；家書近古，可考正。自七之事，其下亡。乃合三書以成之，録爲二篇，藏於家。

據此可知北宋時有王氏（三卷）、畢氏（三卷）、張氏（四卷）、陳氏（一卷）至少四種不同的茶經本子，各本内容豐簡差異甚大，可能是鈔本、刊本皆有且鈔本居多。陳師道合諸家書爲一，或以爲所合書爲四家藏本卷數之總即十一卷者，所論當有誤解，因爲陳氏所叙諸家藏本衹是文字繁簡、卷數多寡不同而已。且茶經總共祇有十篇，不知何從可以析爲十一卷？另外從陳氏文中“王、畢氏書繁雜，意其舊文”一語來看，茶經某種流傳的版本或即陸羽較早的稿本，内容反而較後出版本爲豐，所以陸羽對茶經修訂未必盡爲增加内容，或許還有删繁就簡的文字整理。

陳師道所見的四種茶經版本當爲唐五代以來的舊鈔或舊刻，北宋未知有刻印茶經者，但自北宋初年的太平寰宇記起，文人學者著書撰文常見引用茶經内容，諸家書目皆有著録，至南宋咸淳九年（1273），古鄖山人左圭編成並印行中國現存最早的叢書之一百川學海，其中收録了茶經，成爲現存可見的最早的茶經版本。

南宋咸淳刊百川學海本茶經，對此後數百年的茶經刊行影響至深，可以説它直接或間接地影響了此後所有茶經刊行的版本，幾爲現行所有茶經版本的祖本。

直接的影響是後代對百川學海本的翻刻影印。明弘治十四年（1501）無錫華珵遞修刊行了百川學海，明嘉靖十五年（1536）福建莆田鄭氏文宗堂亦刻行百川學海，明末坊間有三種以上的明人重編百川學海刊行，民國陶氏涉園影寫重刻宋本百川學海，上海博古齋、湖北先正遺書先後影印明代華氏百川學海，清代張海鵬照曠閣學津討原校刊了百川學海本茶經，民國叢書集成初編據百川學海本排印了茶經。除了博古齋、湖北先正遺書因直接影印而與明代華氏百川本茶經毫無二致外，其餘版本的百川學海本茶經在版式及一些文字上互有異同。

除了以上覆宋、遞修、景刻、重編、校刊百川學海本茶經外，宋刊百川學海本茶經還影響着衆多單行、叢刻本茶經。最重要的影響是明代嘉靖竟陵刻本。嘉靖二十一年（1542）青陽柯雙華牧守荆西道，巡行至竟陵，修茶亭，問茶經，龍蓋寺僧真清從百川學海中鈔録茶經正謀梓行，遂以刻印於龍蓋寺，祁邑芝山汪可立爲之校讎。竟陵本是現存最早的單行本茶經，其於茶經本文之外，附刻甚多，卷首有明魯彭刻茶經序，宋陳師道茶經序附唐皮日休茶中雜詠序。茶經本文之後，一附茶經水辨，内容包括：（1）傳：新唐書陸羽傳、童承叙陸羽贊。（2）水辨：張又新煎茶水記、歐陽修大明水記、浮槎山水記。二附茶經外集，内容包括：唐、宋、明三朝人詩，童承叙與夢野論茶經書，其中當朝明人詩爲與竟陵或龍蓋寺相關者。卷末爲汪可立茶經後序、吴旦刻茶經跋。竟陵本的附刻行爲影響了有明一代大部分的茶經刻印，特别是萬曆間的近十種版本。

首先直接影響的是程福生、陳文燭萬曆十六年（1588）刻行的竹素園本，孫大綬秋水齋本。

竹素園本雖未明言所據爲竟陵本，然其移録魯彭序，在標稱“茶經卷之四”中附録竟陵本水辨和傳的内容，唯標目有改動且前後位置有倒次；又以茶經外集附録唐宋人詩文，另附茶具圖贊一卷。

孫大綬秋水齋本則在全部編排中抹掉了竟陵本的痕迹，

即前後刻茶經的序跋、童承叙論茶經書，茶經外集中與竟陵龍蓋寺相關的明人詩什均被删削，同時爲了表明編者對所刻茶經的作用，在所附茶經外集篇目下，署名“明新都豁谷子（孫大綬號）編次”，同時所顯特别者，是將宋審安老人的茶具圖贊附刻在茶經正文四之器全文之後，並撰茶具圖贊序，以説明刻入的理由。秋水齋本受竟陵本影響的憑證，一是明十嶽山人王寅爲此刻本所作的茶經序："茶經失而不傳久矣，幸而羽之龍蓋寺尚有遺經焉。”二是秋水齋本的編次順序全同竟陵本（除了被删削的部分）。此外，孫大綬標名自己編的茶經外集，比竟陵本增易了兩首唐宋人詩。

孫大綬秋水齋本直接影響到了汪士賢山居雜志本（萬曆二十一年，1593）、鄭熜校刻本、程榮校刻本茶經，後三者内容、版式完全相同。布目潮渢先生認爲汪士賢本據鄭熜本，筆者以爲未必然。鄭熜居福建晉安，現今衹見其有此一種刻書留存；而汪氏編刻了較多的書籍，留存至今者仍有數種之多；程榮字伯仁，未知是否即程氏叢刻的編者程百二（千項堂書目稱其爲伯二），若是，亦有多種書刻留存至今。更何況三者内容、版式完全相同，除校刻者地望名氏外略無二致，即使使用同一套活字排印，也難保不出現個别差訛，很像是同一刻板稍加挖補後所致。這一現象給我們提示了書籍編印史上的一種新模式，即編輯和刻印者分離。汪、鄭、程三種版本都出現在萬曆中後期，三氏所居之地相距遥遠，鄭氏居福建晉安，汪氏、程氏居安徽新安，地域之遐時間之邇，使得刻板的流通不致太速太易，這使筆者開始揣想另外一種可能，即書板實際掌握在坊間專門刻印書籍的商賈手中，編書者衹需付出適當的費用，即可得到一定數量的板印書籍（這與明中後期巾帕本、坊本大量湧現，且一書多位作者的現象相一致），而刻印商衹需進行少量刻板的挖補就可成就另一新版之書。（下文將要論述到的明晚期版式、内容完全相同的重編百川學海本茶經可能也屬於這樣的情況。）汪士賢山居雜志書首新都謝陛爲其所撰刻書叙，（稱刻書者爲伯仁，則汪士賢字伯仁，與程榮字相同，這爲二種相同版式内容的茶經版本又平添一些閒趣。）説汪士賢伯仁遊江湖二十年後居廬山，編集二十種書爲此集，中有竹、菊、茶等山居園林之物，“伯仁其亦有所託載哉！獨於茶一端有所未盡。今之茶德茂矣，治茶之法遠勝古人，其於陸羽諸公且臣虜之，江左名士必當有譜茶者，伯仁其續收之則以俟異日。”表明編撰者在茶經上是下了功夫的，所以汪氏山居雜志本爲三者中首刻、原刻的可能性最大。

受竟陵本、秋水齋本、山居雜志本附刻之風影響的還有宜和堂本、玉茗堂主人别本茶經本，後二者版式内容相同，附刻内容與前三者有很大的不同。同時茶經附刻形式的版本至此而終。

竟陵本的另一重大影響，是對茶經文字的校訂，其後的絶大部分明代刻本都有内容一致、形式文字稍異的校訂，此風一直影響到清代的某些版本，如陸廷燦續茶經首附原本茶經即是一例。

明代茶經版本的一個明顯特點，是衆多版本的版式、内容完全相同。這一現象的出現有兩個相輔相成的原因，一是明代文人易名翻刻他人著述，二是坊間書賈託名轉印他人著述。明萬曆間胡文煥文會堂百家名書出現之後不久就又出現了同一署名的格致叢書，其中有很多書重複，而茶經的内容版式完全相同。前述山居雜志本與鄭熜、程榮刻本相同亦是一例，宜和堂本與標名湯顯祖玉茗堂的别本茶經本相同，而後者已爲論者認爲顯係坊間託名翻印。唐宋叢書本與中國國家圖書館普通古籍部標“明刻本”一種茶經（與香譜合一册）相同，奇的是後者四之器的錯簡竄頁也與前者完全相同，衹有坊間不分青紅皂白的翻印才會出現這樣的情況。重訂欣賞編本標稱“張遂辰閲”，表明該編内的茶經源自張氏所編唐宋叢書，卻無唐宋叢書本的錯竄。五朝小説本沿用了重訂欣賞編本的茶經，而坊間重編的三種百川學海本茶經顯然亦是沿用重訂欣賞編本。（另：簡化爲一卷本的樂元聲倚雲閣本茶經亦是源自欣賞編本，不過自有改訂删削罷了。）明末清初宛委山堂説郛本的版式内容完全同欣賞編本系列，衹是未標“張遂辰閲”。

到了清代，除了個别版本外，茶經版刻的源流開始不甚清晰起來。一是大型叢書收録不言所據版本來源。古今圖書集成爲活字排印，皆未言所收書之版本或來源。四庫全書本茶經雖言所據爲浙江鮑士恭家藏本，仍不能確知爲何種版本。吴其濬植物名實圖考長編亦不言所收書來源。二是重要版本不言所據，如儀鴻堂重刊陸子茶經本、陸廷燦續茶經所附原本茶經本。

清代茶經版本的另一特點爲直接改訂，與明版多出校記校訂文字不同，清代多直接改易文字不出校記，如陸廷燦本、四庫本、張海鵬照曠閣本、吴其濬植物名實圖考長編本。

簡單重印是清中後期至民國初年茶經版本的突出現象。乾隆五十七年（1792）陳世熙輯印唐人説薈本，這一不善之本在嘉慶十三年、道光二十三年、同治八年、光緒年間、宣統八年、民國十一年經過多次重印。民國十六年（1927）陶氏涉園景宋百川學海本在民國時期及一九四九年之後的大陸、臺灣被多次影印。

二十世紀七八十年代以來，隨着茶文化的升温，大陸、臺灣、日本校注、評述、注釋、翻譯茶經的著述越來越多，由於這些書的重點在於闡釋茶經，其所用茶經正文一般没有版本校讎方面的意義，故而本書對茶經版本的統計及校本的選取時間截止於一九四九年。

鄰國日本也有茶經重要版本的收藏與印行，日本現藏有兩部宋刊百川學海本茶經，多次刻印明代鄭煾校刻本茶經，等等，這些也是茶經版本的重要組成部分。

四　茶經的版本及分類

按照刊刻與否的情況，茶經可分爲二類，一鈔本，二刊本。

現存鈔本皆爲明清兩代所鈔，有四個系列，一是百川學海本系列，二是説郛系列，三是四庫全書系列，四是個人獨立鈔寫。

百川學海鈔本系列，現存有中國國家圖書館館藏殘本二種，其中所存者皆無茶經。

説郛鈔本系列，現存有多種，中國國家圖書館、上海圖書館皆有藏。而據上海古籍出版社 1986 年説郛三種之出版説明，近代流存有明代説郛鈔本六種："原北平圖書館藏約隆慶、萬曆間殘鈔本，傅氏雙鑑鏤藏明鈔本三種（弘農楊氏本、弘治十八年鈔本、吴寬叢書堂鈔本），涵芬樓藏明鈔殘存九十一卷本，瑞安孫氏玉海樓藏明殘鈔本十八册"。近人張宗祥據以校理成書，"於民國十六年由上海商務印書館排印出版，是爲涵芬樓一百卷本，爲現今學者據以考證、研究的主要本子，但所輯之書僅七百二十五種，遠不逮於原本所收。"（案：明鈔説郛本已爲張宗祥彙校成書刊行於世，成爲茶經刊本類的一種。）

四庫全書本有文淵、文溯、文津、文瀾閣四種鈔本。因文淵閣本在臺灣及上海均有影印流傳，故本書據其印刷流傳而入刊本叢書類。

個人獨立抄寫茶經，今可知有清簡莊鈔本，此據張宏庸陸羽全集（張氏自己將此本録在獨立刊本下）。

茶經刊本有以形式和内容的兩種分類法。

以形式分，茶經之刊本有三類：（1）叢書本，（2）獨立刊本，（3）附刻本。

以内容分，茶經之刊本有五類：（1）初注本（左圭本），（2）無注本（説郛百卷本），（3）增注本（其中有附刻本），（4）增釋本，（5）删節本。

今之學者程光裕、張宏庸等人皆對茶經版本分類有發明，因其中略有疑問，故辯證如下。

程光裕茶經考略（載臺灣華岡學報第一期）將其著録茶經之刊本分爲二類：一是獨立刊本，共録有三種：①明嘉靖壬寅新安吴旦本，②明宜和堂刊本，③明湯顯祖刻玉茗堂别本茶經本；其餘則全列爲叢書本。所録版本及分類似有如下疑問。問題一：有獨立刊本列入叢書本中：①孫大綬刊本，②日本京都書肆刊本；問題二：獨立刊本未列全，尚有①明萬曆十六年程福生竹素園刻本，②明樂元聲倚雲閣刻本，③明鄭熜校刻本，④民國西塔寺桑苧廬刻本，另外尚有⑤日本翻刻明鄭熜校本，⑥日本大典禪師茶經詳説本等；問題三：一刻二列，①張氏藏書十種本，②張應文藏書七種本，所謂"張氏藏書十種本"的張氏即張應文，四庫存目中有張氏藏書一種，爲十種本，而"張應文藏書七種本"筆者尚不知所據，但既爲同一人所藏之書，不應有二。另湖南省圖書館有張氏藏書十四種，藏主張丑，爲張應文子，則其茶經張氏藏本十種本當與張應文之張氏藏書同。

臺灣張宏庸將所著録的茶經刊本分爲四類：（1）刊本，（2）叢書本，（3）附刊本，（4）譯注本。其第四種主要是指漢語今譯及他國文字所譯者，可以不論，故實分爲三類。但張氏自己並未嚴格將各種刊本分入諸類，同一種刊本以不同的名目既入單獨刊本類又入叢書本類，而附刊本與叢書本又看不出明確的分别（見張氏輯校陸羽全集附録茶經版本一覽表，臺灣茶學文學出版社 1985 年版）。

臺灣網文陸羽茶經流變史將茶經刊本分爲四類：（1）有注本（左圭本），（2）無注本（説郛百卷本），（3）增本，（4）删節本。分法基本正確，衹是所謂增本應細分爲二，一是增注本，二是附刻本。而所謂無注本的百卷涵芬樓説郛本實際還是保存了幾個音注，甚至還有他本皆所没有的注。另外民國西塔寺本也可以説是無注本。

據筆者的不完全統計，南宋至二十世紀中葉，傳今可考的茶經版本共有六十多種，並其版本分類詳見下表：

	版　本	分類
1	南宋左圭編咸淳九年（1273）刊百川學海本①	叢書本、初注本
2	明弘治十四年（1501）華珵刊百川學海遞修本	叢書本、初注本

续表

	版　本	分類
3	明嘉靖十五年（1536）鄭氏文宗堂刻百川學海本	叢書本、初注本
4	明嘉靖二十一年（1542）柯雙華竟陵本②	獨立刊本、增注本
5	明萬曆十六年（1588）程福生竹素園陳文燭校本	獨立刊本、增注本
6	明萬曆十六年（1588）孫大綬秋水齋刊本	獨立刊本、增注本
7	明萬曆二十一年（1593）胡文焕百家名書本	叢書本、增注本
8	明萬曆二十一年（1593）汪士賢山居雜志本	叢書本、增注本
9	明萬曆三十一年（1603）胡文焕格致叢書本	叢書本、增注本
10	明鄭熜校刻本（中國國家圖書館書目稱“明刻本”）	獨立刊本、增注本
11	明程榮校刻本	獨立刊本、增注本
12	明萬曆四十一年（1613）喻政茶書本	叢書本、增注本
13	明鄭德徵、陳鑾宜和堂本	獨立刊本、增注本

续表

	版　本	分類
14	明重訂欣賞編本	叢書本、增注本
15	明樂元聲倚雲閣刻本	獨立刊本、删節本
16	明益王涵素清媚合譜茶譜本③	叢書本、增注本
17	明湯顯祖玉茗堂主人别本茶經本	獨立刊本、增注本
18	明鍾人傑、張遂辰輯明刊唐宋叢書本	叢書本、增注本
19	明人重編明末刊百川學海辛集本	叢書本、增注本
20	明人重編明末刊百川學海本（中國國家圖書館明百川學海4册本）	叢書本、增注本
21	明人重編明末刊百川學海本（中國國家圖書館明百川學海36册本）	叢書本、增注本
22	明桃源居士輯五朝小説大觀本	叢書本、增注本
23	明馮猶龍輯明末刻唐人百家小説五朝小説本④	叢書本、增注本
24	明刻本⑤	叢書本、增注本
25	明代王圻稗史彙編本	叢書本、删節本

续表

	版　本	分類
26	宛委山堂説郛本，元陶宗儀輯，清順治三年（1646）兩浙督學李際期刊行	叢書本、增注本
27	古今圖書集成本，清陳夢雷、蔣廷錫等奉敕編，雍正四年（1726）銅活字排印	叢書本、增注本
28	清雍正七年（1729）儀鴻堂陸子茶經本，王淇釋	獨立刊本、增釋本
29	清雍正十三年（1735）陸廷燦壽椿堂續茶經之原本茶經本	附刻本、增注本
30	文淵閣四庫全書本，清乾隆四十七年（1782）修成	叢書本、初注本
31	清乾隆五十八年（1793）陳世熙輯挹秀軒刊唐人説薈本	叢書本、增注本
32	清張海鵬輯嘉慶十年（1805）虞山張氏照曠閣刊學津討原本	叢書本、初注本
33	清王文浩輯嘉慶十一年（1806）刻唐代叢書本	叢書本、增注本
34	清嘉慶十三年（1808）緯文堂刊唐人説薈本（據張宏庸著録）	叢書本、增注本

续表

	版　本	分類
35	清道光元年（1821）天門縣志附陸子茶經本	附刻本、增釋本
36	清吴其濬植物名實圖考長編本，道光刊本	叢書本、初注本
37	清道光二十三年（1843）刊唐人説薈本	叢書本、增注本
38	清同治八年（1869）右文堂刻唐人説薈三集本	叢書本、增注本
39	清光緒十年（1884）上海圖書集成局印扁木字古今圖書集成本	叢書本、增注本
40	清光緒十六年（1890）同文書局影印古今圖書集成原書本	叢書本、增注本
41	清光緒間陳其玨刻唐人説薈三集本	叢書本、增注本
42	清宣統三年（1911）上海天寶書局石印唐人説薈本	叢書本、增注本
43	國學基本叢書本，民國八年（1919）上海商務印書館印植物名實圖考長編本	叢書本、增注本
44	民國十年（1921）上海博古齋景印明弘治華氏本百川學海本	叢書本、增注本

续表

	版　本	分類
45	民國十一年（1922）上海掃葉山房石印唐人説薈本	叢書本、增注本
46	民國十一年（1922）上海商務印書館景印學津討原本	叢書本、初注本
47	民國十二年（1923）盧靖輯沔陽盧氏慎始齋刊湖北先正遺書子部本	叢書本、初注本
48	五朝小説大觀本，民國十五年（1926）上海掃葉山房石印本	叢書本、增注本
49	民國十六年（1927）陶氏涉園景刊宋咸淳百川學海本⑥	叢書本、初注本
50	民國十六年（1927）張宗祥校明鈔説郛涵芬樓刊本	叢書本、無注本
51	民國二十二年（1933）西塔寺常樂刻陸子茶經本（桑苧盧藏版）	獨立刊本、無注本
52	民國二十三年（1934）中華書局影印殿本古今圖書集成本	叢書本、增注本
53	萬有文庫本，民國二十三年（1934）上海商務印書館印植物名實圖考長編本	叢書本、初注本

续表

	版　本	分類
54	民國上海錦章書局石印唐代叢書本	叢書本、增注本
55	民國胡山源古今茶事本，世界書局 1941 年	叢書本、增注本
56	叢書集成初編本	叢書本、初注本
57	清嘉慶十三年（1808）刻王謨輯漢唐地理書鈔本⑦	
58	文房奇書本⑧	
59	吕氏十種本	
60	小史集雅本⑨	
61	明張應文藏書七種本⑩	
62	日本江户春秋館翻刻明鄭熜校本	獨立刊本、增注本
63	日本寶曆戊寅（八年，1758）夏四月翻刻明鄭熜校本	獨立刊本、增注本
64	日本天保十五年（1844）甲辰京都書肆翻刻明鄭熜校本	獨立刊本、增注本

説明：

①南宋左圭編咸淳九年（1273）刊百川學海本爲現存最早茶經刊本，幾爲現存所有茶經版本之祖本。臺灣張宏

庸輯校陸羽全集附録茶經版本一覽表稱有獨立的宋刊本，卻未予説明。而在其陸羽茶經叢刊中所影録宋本茶經，實是民國陶氏景宋百川學海 1930 年版，並非宋版原貌。（關於民國陶氏景宋百川學海非宋版原貌的問題將在下文予以説明。）

②現存最早茶經單行本。中國國家圖書館書目稱爲嘉靖二十二年（1543）本，另有稱新安吴旦本者（臺灣）。

③自萬國鼎茶書總目提要起，皆稱清媚合譜茶譜的編者爲朱祐檳（1529 年前後）。按：民國孫殿起叢書目録拾遺題作“明河南益王涵素道人編”，而張秀民中國印刷史稱其爲明益王府刻書，刻於崇禎十三年（1640），不是首封益王的朱祐檳所編刻。因其所收茶書有多部遠後於朱祐檳所卒年嘉靖十八年（1539 年）者，故當以張秀民所言爲是。

④程光裕茶經考略稱輯者爲“馮夢龍”。

⑤中國國家圖書館普通古籍部藏，與香譜合一册，可能是某種百川學海本的零册。

⑥民國陶氏景宋百川學海“全書爲黄岡饒星舫一手影模”（陶氏景宋百川學海 1930 年版陶湘刻書序），但其摹補時卻擅改宋本多處字詞，故不能全以宋本待之。

⑦萬國鼎茶書總目提要著録有王謨輯漢唐地理書鈔本茶經，但遍檢清嘉慶刻漢唐地理書鈔，不見有茶經，未知萬先生當年所見爲何。待查。

⑧萬國鼎茶書總目提要著録有文房奇書本茶經，中國

叢書廣録載明萬曆中刻寸珍本文房奇書中有茶經一卷，尚未獲見。

⑨萬國鼎茶書總目提要著録有吕氏十種本及小史集雅本茶經，尚未獲見，姑存録以俟查找。

⑩程光裕茶經考略著録“張氏藏書十種本”及“張應文藏書七種本”各一種。按：四庫存目中有張氏藏書四卷十種，藏主張氏即明代張應文，而“張應文藏書七種本”筆者尚不知所據，但既爲同一人所藏之書，不應有二。關於張氏藏書，四庫全書總目提要有些疑問，其張氏藏書解題曰：“明張應文撰，凡十種，曰簞瓢樂，曰老圃一得，曰蘭譜，曰菊書，曰先天换骨新譜，曰焚香略，曰清閟藏，曰山房四友譜，曰茶經，曰瓶花譜”，而瓶花譜則又爲四庫館臣題記爲其子張謙德（即張丑）撰，清閟藏則題曰張應文撰而其子張丑潤色之。看來張氏藏書應是張應文父子共同的手筆。另湖南省圖書館有張氏藏書十四種，藏主張丑，則其茶經張氏藏書十種本當與張應文張氏藏書同。張氏藏書之茶經現題名爲張謙德撰，與陸羽茶經完全不同，不是茶經的一個版本。不知“張應文藏書七種本”可能是另一種景象麽？爲尊重他人研究成果見，仍著録於此，待再有發現時解決這一疑惑。

五　茶經之評價

陸羽茶經是世界上第一部關於茶的專門著作，在茶文化史上佔有無可比擬的重要地位。茶經在新唐書藝文志小説類、通志藝文略食貨類、郡齋讀書志農家類、直齋書録解題雜藝類、宋史藝文志農家類等書中，都有著録。歷來爲茶經作序跋者很多，今可考者有：（1）唐皮日休序（實爲皮氏茶中雜詠詩序，後世刻茶經者多移爲茶經序，今仍之），（2）宋陳師道序，（3）明嘉靖壬寅魯彭刻茶經叙，（4）明嘉靖壬寅汪可立後序，（5）明嘉靖壬寅吴旦後序，（6）明嘉靖童承叙跋，（7）明萬曆戊子陳文燭序，（8）明萬曆戊子王寅序，（9）明李維楨茶經序，（10）明張睿卿跋，（11）明徐同氣茶經序，（12）明樂元聲茶引，（13）清徐篔跋，（14）清曾元邁茶經序，（15）民國常樂茶經序，（16）民國新明跋。（而明童承叙童内方與夢野論茶經書經常爲刻茶經者列爲後論，故也列入序跋内容。）另有日本刊茶經序三種。

在茶經中，陸羽秉着自然主義的態度，以林谷山泉隱逸生活爲基點，以器具和飲用程式的規範化爲載體，追求社會的秩序化與人們行爲的規範化。茶經總結了當時茶葉生産技術與經驗，收集歷代茶葉史料，記述作者實踐調查。從現代學科分科的角度來説，茶經是茶葉文化的百科全書，涵蓋了茶葉栽培、生産加工、藥理、茶具、歷史、文化、茶産區劃等方面的内容。

作爲世界上的第一部茶書，茶經被奉爲茶文化的經典。唐末皮日休作茶中雜詠序即認爲陸羽與茶經的貢獻很大：

"豈聖人之純於用乎？草木之濟人，取捨有時也。季疵始爲三卷茶經，由是……命其煮飲之者，除痟而癘去，雖疾醫之，不若也。其爲利也，於人豈小哉！"宋歐陽修集古録："後世言茶者必本陸鴻漸，蓋爲茶著書自其始也。"明陳文燭在茶經序中甚至以爲："人莫不飲食也，鮮能知味也。稷樹藝五穀而天下知食，羽辨水煮茗而天下知飲，羽之功不在稷下，雖與稷並祠可也。"而童承敘在陸羽贊中則認爲陸羽茶經於茶之外另有深義，認爲陸羽"惟甘茗荈，味辨淄澠，清風雅趣，膾炙古今。張顛之於酒也，昌黎以爲有所託而逃，羽亦以爲夫！"徐同氣茶經序認爲："經者，以言乎其常也……凡經者，可例百世，而不可繩一時者也……茶經則雜于方技，迫於物理，肆而不厭，傲而不忤，陸子終古以此顯，足矣。"明李維楨茶經序："鴻漸窮厄終身，而遺書遺迹，百世下寶愛之，以爲山川邑里重，其風足以廉頑立懦，胡可少哉！"

陸羽茶經在中國歷史與文化中的地位與影響，非常典型，非常文人化。對於古代中國絶大多數文人來説，修齊治平之外，没有絶對的理想，文章之外，没有可以稱道的技能，道德、禮教之外，没有必須遵循的規範。

唐宋兩朝是一個轉捩點，唐宋時代的社會、文化幾乎各個方面都發生了重大的變革，六經注我，文人們的個體意識開始覺醒，文人們的精神世界開始變得更爲豐富複雜，有些方面甚至出現了對立的狀態。對於大多數文人個體來說，修齊治平的理想，文章的技能，道德、禮教的規範，是社會與傳統之於他們的規範，是社會歷史與文化傳統賦予他們的價值觀念和行爲規範，過去很多人衹有這些，或最多衹表現出這些。而在唐宋變革之際，個體意識開始覺醒的文人，也同時開始向社會提供他們的價值觀念和行爲規範。但傳統的力量是巨大的，文人們提供他們自己東西的行爲與目的時常表現得很隱晦。法先王的觀念使得中國古人們的歷史發展觀不是前瞻的而是後視的，因而當人們想向社會提供任何新的東西時，都必須向過去尋求合理合法的依據，而古已有之，尤其是三皇五帝、文王周公時即已有之，往往是最有力的依據。

陸羽也是這樣來闡明茶飲的合理性的，他在茶經六之飲中說："茶之爲飲，發乎神農氏，聞於魯周公。齊有晏嬰，漢有揚雄、司馬相如，吴有韋曜，晉有劉琨、張載、遠祖納、謝安、左思之徒，皆飲焉。滂時浸俗，盛於國朝，兩都並荆渝間，以爲比屋之飲。"

但在傳統力量極爲强大的中國古代，任何想要超出傳統的努力，都會遇到較多阻礙甚至挫折。封演的記載可以說是唐代即已有人對陸羽努力的否定。但由於茶兼具物質與精神雙重屬性的特性，由於茶本身所含有的清麗高雅稟性與文人内心深處某種特質的契合，陸羽所提倡的東西還是在貶貶褒褒的遭遇中留存了下來，並且逐漸成爲傳統的一部分。

陸羽想要通過茶飲提供給社會的新的東西，是“精行儉德之人”行爲的規範，這是他孤零的身世和遭逢亂世的經歷之下所渴求的東西，他想通過茶葉、茶具、煮飲茶的程式等過程與方面的規範化程式，提倡某種在道德、禮教之外的行爲規範，應當説這確實是中國古代社會所缺乏的。但中國古代文人内心深處在道德與禮教之外不受任何約束的傳統，使得茶並未最終在文人士大夫中間形成新的行爲規範。

相反，唐高宗以來興起講求頓悟的禪宗，由於它不講求苦苦的修行，因而在事實上缺乏對禪林僧衆的一定的約束力。但任何一個龐大的社會團體，是一定要有某些具有强制性約束力的規範，才能維繫它在社會中的存在和發展的。爲了做到這一點，唐宋之際，禪林清規應時出現，茶也趁此時機進入到禪林的律規之中。

在中國，社會文化根據自己的特性有選擇地接受了陸羽茶經提供的茶藝文化的部分内容。茶的禮儀、程式部分，最終大都進入到需要禮儀規範的宗教之中和一部分民俗當中。留在文人士大夫和衆多茶葉消費者中間的，是茶的清雅、芬香的享受，是精美器物的玩賞，是生命過程中體驗與經歷在茶中的印證與延伸，人們在其中更多的是享受自適，即使有程式等等，也是爲了充分發揮茶的禀質，更多地享受茶飲茶藝的樂趣。

陸羽茶經也影響到了世界其他地區的茶業與文化。日本的茶道、韓國的茶禮，近年在東亞及南亞許多地區盛行，流風餘韻拂及歐洲與北美的茶文化，都是在陸羽及其茶經的影響下，逐漸發生的文化交流與傳播。而茶葉成爲世界三大非酒精飲料之一的成就，也是離不開陸羽的肇始之功的。

唐代以來茶經版本甚多，據不完全統計，歷來相傳的茶經版本約有六十餘種。而現存至今的版本自宋代至民國約有五十餘種。一部在傳統四部分類中歸類不明的著作——諸家書目分别有歸於小説類、食貨類、農家類、雜藝類者，千百年來在中國本土有六十多種版本刊行流傳，在海外有日、韓、德、意、英、法、俄等多種文字版本刊行，這不僅是出版史上的一個奇迹，也是文化史上的一個奇迹。對爲數如此衆多的茶經版本進行研究，不僅可以解決茶經自身的一些文字内容問題，同時也可以梳理相關的茶文化發展史，本書即是向着這一目標邁出的起始之步。

凡　例

一、本書以中國國家圖書館藏南宋左圭編咸淳九年（1273）刊百川學海壬集本茶經爲底本。此本雖不爲最善，但因其刊行最早，幾爲現存所有茶經版本之祖本，藉之可見後來茶經諸本文字之校改情況，因而仍選爲校勘所用底本。

二、本書以下列諸本爲校本：

1. 日本宮内廳書陵部藏百川學海本，簡稱日本本；
2. 明弘治十四年（1501），華珵刊百川學海壬集本，簡稱華氏本；
3. 明嘉靖壬寅（二十一年，1542），柯雙華竟陵刻本，簡稱竟陵本；
4. 明萬曆十六年（1588），程福生、陳文燭竹素園刻本，簡稱竹素園本；
5. 明萬曆十六年（1588），孫大綬秋水齋刊本，簡稱秋水齋本；

6. 明萬曆癸巳（二十一年，1593），胡文煥百家名書本，簡稱名書本；
7. 明萬曆二十一年（1593），汪士賢山居雜志本，簡稱汪氏本；
8. 明萬曆四十一年（1613），喻政茶書甲種本，簡稱喻政茶書本；
9. 明鄭德徽、陳鑾宜和堂本，簡稱宜和堂本；
10. 明鍾人傑、張遂辰輯明刊唐宋叢書本，簡稱唐宋叢書本；
11. 明重訂欣賞編本；
12. 明益王涵素茶譜本，簡稱益王涵素本；
13. 明桃源居士輯五朝小說大觀本，簡稱大觀本；
14. 宛委山堂說郛本，簡稱宛委本；
15. 清古今圖書集成本，簡稱集成本；
16. 清陸廷燦續茶經之原本茶經本，簡稱陸氏本；
17. 清儀鴻堂重刊陸子茶經本，雍正七年（1729），王淇釋，簡稱儀鴻堂本；
18. 清文淵閣四庫全書本，簡稱四庫本；
19. 清乾隆五十七年（1792）陳世熙輯挹秀軒刊唐人說薈本，簡稱說薈本；
20. 清張海鵬照曠閣學津討源本，簡稱照曠閣本；
21. 清王文浩輯嘉慶十一年（1806）刻唐代叢書本；
22. 清吴其濬植物名實圖考長編本，簡稱長編本；

23. 民國張宗祥校涵芬樓説郛本，簡稱涵芬樓本；

24. 民國西塔寺桑苧廬藏板陸子茶經本，簡稱西塔寺本；

25. 民國陶氏涉園景宋百川學海本，簡稱陶氏本。

三、本書除版本校勘外，還選擇類書、總集等進行他校。

四、本書的校勘原則，凡底本不誤，他本有誤者，一般不出校。但他本誤字影響較大者，亦酌予出校。凡宋以下的避諱字，如“弘”作“弘”、“恒”作“恒”之類，一律改回，不出校。

五、底本原有注文引書有訛誤，據原書校改後出校。

六、茶經卷下七之事節引他書而不失原意者，儘量保持茶經原貌，一般不據他書改動茶經，必要時酌列他書異文。

茶經卷上

一 之 源

茶者〔一〕，南方之嘉木也〔二〕。一尺、二尺迺至數十尺〔三〕。其巴山峽川〔四〕，有兩人合抱者，伐而掇之〔五〕。其樹如瓜蘆〔六〕，葉如梔子〔七〕，花如白薔薇〔八〕，實如栟櫚〔九〕，蒂①如丁香〔一〇〕，根如胡桃〔一一〕。瓜蘆木出廣州〔一二〕，似茶②，至苦澀。栟櫚，蒲③葵〔一三〕之屬，其子似茶。胡桃與茶，根皆下孕，兆至瓦礫，苗木上抽〔一四〕。

【校記】

① 蒂：原作“葉”，今據秋水齋本改。按：太平御覽卷八六七、事類賦注卷一七引茶經並作“蒂”。明屠本畯茗笈引茶經作“蕊”，涵芬樓本作“莖”。因前文已述過“葉

如梔子”，則此處再用“葉”就重複了，不當；丁香只有二雄蕊，而茶有雌蕊和雄蕊，二者的蕊並不相同，故“蕊”字也不妥。有研究認爲茶樹的蕾蒂即未成熟的果柄，與丁香的花蒂近似，且“樹”指樹形，“莖”指樹幹，前已用“樹”字，後再用“莖”字也是重複，所以“莖”字也不妥。

② 茶：長編本作“茗”。

③ 蒲：原作“藏”，今據竟陵本改。蒲葵與栟櫚確爲同類植物。

【注釋】

〔一〕茶：植物名，山茶科，多年生深根常緑植物。有喬木型、半喬木型和灌木型之分。葉子長橢圓形，邊緣有鋸齒。秋末開花，種子棕褐色，有硬殼。嫩葉加工後即爲可以飲用的茶葉。

〔二〕南方：唐貞觀時分天下爲十道，南方泛指山南道、淮南道、江南道、劍南道、嶺南道所轄地區，基本與現今中國一般以秦嶺山脈—淮河以南地區爲南方相一致。包括四川、重慶、湖北、湖南、江西、安徽、江蘇（含上海）、浙江、福建、廣東、廣西、貴州、雲南（唐時爲南詔國）諸省區，以及陝西、河南兩省的南部，皆爲唐代的産茶區，亦是今日中國的産茶區。嘉木：優良樹木。楚辭九章橘頌：“后皇嘉樹。”嘉，同“佳”，美好。陸羽稱茶爲嘉木，北宋蘇軾稱茶爲嘉葉，都是誇讚茶的美好。

〔三〕尺：古尺與今尺量度標準不同，唐尺有大尺和小尺之分，一般用大尺，傳世或出土的唐代大尺一般都在30厘米左右，比今尺略短一些。數十尺：高數米乃至十多米的大茶樹。在中國西南地區（雲南、四川、貴州）發現了衆多的野生大茶樹，它們一般樹高幾米到十幾米不等，最高的達三十多米。樹齡多在一兩千年以上。雲南思茅地區瀾滄拉祜自治縣"千年古茶樹"樹高11.8米；雲南孟海縣南糯山鄉"南糯山茶樹王"（當地稱"千年茶樹王"，現已枯死）樹高5.45米。

〔四〕巴山：又稱大巴山，廣義的大巴山指綿延四川、重慶、甘肅、陝西、湖北邊境山地的總稱，狹義的大巴山，在漢江支流任河谷地以東，重慶市及四川、陝西、湖北邊境。峽，一指巫峽山，即重慶、湖北兩省市交界處的三峽，二指峽州，在三峽口，治所在今宜昌。故此處巴山峽川指四川東部、重慶、湖北西部地區。

〔五〕伐而掇之：高大茶樹要將其枝條芟伐後才能採茶。伐：芟除樹木的枝條爲伐。詩周南汝墳："伐其條枚。"掇（duō多）：拾取。

〔六〕瓜蘆：又名皋蘆，是分佈於我國南方的一種葉似茶葉而味苦的樹木。太平御覽卷八六七引晉裴淵廣州記："酉陽縣出皋蘆，茗之别名，葉大而澀，南人以爲飲。"明李時珍本草綱目云："皋蘆，葉狀如茗，而大如手掌，挼碎泡飲，最苦而色濁，風味比茶不及遠矣。"宋唐慎微證類本草卷十四："瓜蘆，苦菜。"注："陶云：又有瓜蘆木，似茗，取葉煎飲，通夜不寐。"按：此木一名皋蘆，而葉大似茗，味苦澀，南人煮爲飲，止渴，明目，除煩，不睡，消痰，和水當茗用之。廣州記曰：新平縣出皋蘆，葉大而澀。南越志云：龍川縣有皋蘆，葉似茗，土人謂之過羅。"唐人有煎飲皋蘆者，皮日休吴中苦雨因書一百韻寄魯望詩云："十分煎皋盧，半榼挽醽醁。"（全唐詩卷六〇九）

〔七〕梔子：屬茜草科，常緑灌木或小喬木，夏季開白花，有清香，葉對生，長橢圓形，近似茶葉。

〔八〕白薔薇：屬薔薇科，落葉灌木，枝茂多刺，高四五尺，夏初開花，花五瓣而大，花冠近似茶花。

〔九〕栟櫚（bīng lǘ 兵驢）：即棕櫚，屬棕櫚科。漢許慎説文："栟櫚，棕也。"與蒲葵同屬棕櫚科。核果近球形，淡藍黑色，有白粉，近似茶籽内實而稍小。

〔一〇〕丁香：屬桃金娘科，一種香料植物，原産於熱帶，我國南方有栽培，有很多品種。

〔一一〕胡桃：屬核桃科，深根植物，與茶樹一樣主根向土壤深處生長，根深常達兩三米以上。

〔一二〕廣州：今屬廣東。三國吴黄武五年（226）分交州置，治廣信（今廣西梧州），不久廢。永安七年（264）復置，治番禺（今屬廣東）。統轄十郡，南朝後轄境漸縮小。隋大業三年（607）改爲南海郡。唐武德四年（621）復爲廣州，後爲嶺南道治所，天寶元年（742）改爲南海郡，乾元元年（758）復爲廣州，乾寧二年（895）改爲清海軍。

〔一三〕蒲葵：屬棕櫚科，常緑喬木，葉大，多掌狀分裂，可做扇子。晉嵇含南方草木狀蒲葵："蒲葵如栟櫚而柔薄，可爲葵笠，出龍川。"

〔一四〕下孕：植物根系在土壤中往地下深處發育滋生。兆：説文："灼龜坼也"，本意龜裂，此作裂開解。瓦礫：碎瓦片，引申爲硬土層。周靖民校注茶經對這四句小注的解釋是：茶和胡桃的主根，生長時把土壤裂開，直至伸長到硬殼層爲止，芽苗則向土壤上萌發（中國茶酒辭典第565頁）。

其字，或從草，或從木，或草木并。從草，當作"茶"，其字出開元文字音義①〔一〕；從木，當作"㭘"，其字出本草〔二〕；草木并，作"荼"②，其字出爾雅〔三〕。

其名，一曰茶，二曰檟〔四〕，三曰蔎〔五〕，四曰茗〔六〕，五曰荈〔七〕。周公云〔八〕："檟③，苦荼④。"揚執戟⑤云〔九〕："蜀西南人謂茶⑥曰蔎。"郭弘農云〔一〇〕："早取爲茶⑦，晚取爲茗，或一曰荈耳。"

【校記】

① 音：原作"者"，今據長編本改。

② 荼：原作"茶"，今據長編本改。按：前文已經有從草作"茶"之説，此處不可能再説草木兼從仍作"茶"，

爾雅本文亦作“荼”。

③ 檟：原作“價”，今據竟陵本改。按：今本爾雅作“檟”。

④ 荼：原作“茶”，今據長編本改。按：今本爾雅作“荼”。

⑤ 揚：原作“楊”，今據喻政茶書本改。下同。“戟”，原作“戰”，今據竟陵本改。按：“揚執戟”指揚雄。

⑥ 茶：説薈本作“荼”。

⑦ 荼：原作“茶”，據今本郭璞爾雅注改。

【注釋】

〔一〕開元文字音義：唐玄宗開元二十三年（735）編成的一部字書，共有三十卷，已佚，清代黄奭漢學堂叢書經解小學類輯存一卷，汪黎慶學術叢編小學叢殘中亦有收録。此書中已收有“茶”字，在陸羽茶經寫成之前25年。南宋魏了翁在邛州先茶記中説：“惟自陸羽茶經、盧仝茶歌、趙贊茶禁之後，則遂易荼爲茶”顯然有誤。周靖民校注茶經認爲“𣗪”當是“𣘻”（中國茶酒辭典第565頁），首見於三國魏張揖的埤倉，隋陸法言切韻中曾經收入，並非出於唐新修本草。但論中唐時還没有更改“𣘻”字爲“𣗪”則未見得，衹能説是“𣗪”字尚未入字書，而在實際當中已有使用。陸羽寫茶經，將荼字減一畫爲茶，亦將“𣘻”字減一畫爲“𣗪”。

〔二〕本草：指唐代高宗顯慶四年（659）李（徐）勣、

蘇虞等人所撰的新修本草（今稱唐本草），已佚，今存宋唐慎微重修政和經史證類備用本草中有引用。敦煌、日本有新修本草鈔寫本殘卷，清傅雲龍籑喜廬叢書之二中收有日本寫本殘卷，有上海群聯出版社1955年影印本；敦煌文獻分類録校叢刊敦煌醫藥文獻輯校中也録有敦煌寫本殘卷，有江蘇古籍出版社1999年版。

〔三〕爾雅：中國最早的字書，共十九篇，爲考證詞義和古代名物的重要資料。古來相傳爲周公所撰，或謂乃孔子門徒解釋六藝之作。按：此書蓋係秦漢間經師綴輯周漢諸書舊文，遞相增益而成，非出於一時一手。

〔四〕檟（jiǎ 賈）：本意是楸樹，與梓同類，椅、梓、楸、檟，一物而四名。此作茶之別名。

〔五〕蔎（shè 設）：一種香草。南朝梁顧野王玉篇卷一三：“蔎，香草也。”此作茶之別名。

〔六〕茗：北宋徐鉉注説文作爲新附字補入，注爲“茶芽也”。三國吴陸璣毛詩草木鳥獸蟲魚疏卷上：“椒樹似茱萸……蜀人作茶，吴人作茗，皆合煮其葉以爲香。”據此，則茗字作爲茶名來自長江中下游，後代成爲主要的茶名。

〔七〕荈（chuǎn 喘）：西漢司馬相如凡將篇以“荈詫”疊用代表茶名。三國時“茶荈”二字連用，三國志吴書韋曜傳：“曜素飲酒不過三升，初見禮異時，常爲裁減，或密賜茶荈以當酒。”西晉杜育荈賦以後，“荈”字歷代成爲主要的茶名，但現代已經很少用。

〔八〕周公：姓姬名旦，周文王姬昌之子，周武王姬發之弟，武王死後，扶佐其子成王，改定官制，制作禮樂，完備了周朝的典章文物。因其采邑在周，故稱爲周公。事見史記魯周公世家。“周公云”指爾雅。爾雅釋木：“檟，苦荼。”

〔九〕揚執戟：即揚雄（前53—18），西漢文學家、哲學家、語言學家，字子雲，蜀郡成都（今屬四川）人，曾任黄門郎。漢代郎官都要執戟護衛宫廷，故稱揚執戟。著有法言、方言、太玄經等著作。擅長辭賦，與司馬相如齊名。漢書卷八七有傳。“揚執戟云”指方言，但今本方言箋疏失收。

〔一〇〕郭弘農：即郭璞（276—324），字景純，河東聞喜（今屬山西）人，東晉文學家，訓詁學家，曾仕東晉元帝爲著作佐郎，明帝時因直言而爲王敦所殺，後贈弘農太守，故稱郭弘農。博洽多聞，曾爲爾雅、楚辭、山海經、方言等書作注。晉書卷七二有傳。“郭弘農云”指郭璞爾雅注，郭璞注“檟，苦荼”云：“樹小如梔子，冬生葉，可煮作羹飲。今呼早采者爲荼，晚取者爲茗，一名荈。蜀人名之苦荼。”

其地，上者生爛石〔一〕，中者生礫①壤〔二〕，下者生黄土〔三〕。凡藝而不實，植而罕茂〔四〕。法如種瓜〔五〕，三歲可採。野者上，園者次。陽崖陰林，紫者上，緑者次〔六〕；笋者上，牙者次〔七〕；葉卷上，葉舒次〔八〕。陰山坡谷者，不堪採掇，性凝滯，結瘕疾②〔九〕。

【校記】

① 礫：原作“櫟”，竟陵本於本句後有注云：“櫟當從石爲礫”，今據改。

② 結瘕疾：涵芬樓本作“令人結瘕疾”。

【注釋】

〔一〕爛石：山石經過長期風化以及自然的衝刷作用，山谷石隙間積聚着含有大量腐殖質和礦物質的土壤，土層較厚，排水性能好，土壤肥沃。

〔二〕礫壤：指砂質土壤或砂壤，土壤中含有未風化或半風化的碎石、砂粒，排水透氣性能較好，含腐殖質不多，肥力中等。

〔三〕黄土：指黄壤和紅壤，土層深厚，長期被淋洗，黏性重，含腐殖質和茶樹需要的礦物元素少，肥力低。

〔四〕凡藝而不實，植而罕茂：種茶如果用種子播植卻不踩踏結實，或是用移栽的方法栽種，很少能生長得茂盛。舊時因而稱茶爲“不遷”。明陳耀文天中記：“凡種茶必下子，移植則不生”。藝，種植；植，移栽。

〔五〕法如種瓜：北魏賈思勰齊民要術卷二種瓜第十四：“凡種法，先以水浄淘瓜子，以鹽和之。先卧鋤，耬却燥土，然後掊坑，大如斗口。納瓜子四枚、大豆三箇於堆旁向陽中。瓜生數葉，掐去豆，多鋤則饒子，不鋤則無實。”唐末至五代時人韓鄂四時纂要卷二載種茶法：“種茶，二月中於樹下或北陰之地開坎，圓三尺，深一尺，熟劚著糞和土，每坑種六七十顆子，蓋土厚一寸强，任生草，不得耘。相去二尺種一方，旱即以米泔澆。此物畏日，桑下竹陰地種之皆可，二年外方可耘治，以小便、稀糞、蠶沙澆擁之，又不可太多，恐根嫩故也。大概宜山中帶坡峻，若於平地，即須於兩畔深開溝壟泄水，水浸根必死……熟時收取子，和濕土沙拌，筐籠盛之，穰草蓋，不爾即乃凍不生，至二月出種之。”其要點是精細整地，挖坑深、廣各尺許，施糞作基肥，播子若干粒。這與當前茶子直播法並無多大區别。

〔六〕陽崖陰林，紫者上，緑者次：原料茶葉以紫色者爲上品，緑色者次之。這樣的評判標準與現今的不同。陳椽茶經論稿序是這樣解釋的：“茶樹種在樹林陰影的向陽懸崖上，日照多，茶中的化學成分兒茶多酚類物質也多，相對地葉緑素就少；陰崖上生長的茶葉卻相反。陽崖上多生紫牙葉，又因光綫强，牙收縮緊張如筍，陰崖上生長的牙葉則相反。所以古時茶葉品質多以紫筍爲上。”

〔七〕筍者上，牙者次：筍者，指茶的嫩芽，芽頭肥碩長大，狀如竹筍的，成茶品質好；牙者，指新梢葉片已經開展，或茶樹生機衰退，對夾葉多，表現爲芽頭短促瘦小，成茶品質低。

〔八〕葉卷上，葉舒次：新葉初展，葉緣自兩側反卷，到現在仍是識别良種的特徵之一。而嫩葉初展時即攤開，一般質量較差。

〔九〕瘕（jiǎ 賈）：腹中結塊之病。南宋戴侗六書故卷三三：“腹中積塊也，堅者曰癥，有物形曰瘕。”

茶之爲用，味至寒〔一〕，爲飲，最宜精行儉德之人〔二〕。若熱渴、凝悶，腦疼[①]、目澀，四支煩[②]、百節不舒，聊四五啜，與醍醐、甘露〔三〕抗衡也。

採不時，造不精，雜以卉[③]莽，飲之成疾。茶爲累也，亦猶人參。上者生上黨〔四〕，中者生百濟、新羅〔五〕，下者生高麗〔六〕。有生澤州、易州、幽州、檀州者〔七〕，爲藥無効，况非此者？設服薺苨[④]〔八〕，使六疾不瘳[⑤]〔九〕，知人參爲累，則茶累盡矣。

【校記】

① 疼：西塔寺本作“痛”。

② 煩：涵芬樓本作“煩懣”。

③ 卉：喻政茶書本作“草”。

④ 薺苨：涵芬樓本作“薺苨莖”。

⑤ 瘳：涵芬樓本作“瘵”。

【注釋】

〔一〕茶之爲用，味至寒：中醫認爲藥物有五性，即寒、凉、温、熱、平，有五味，即酸、苦、甘、辛、鹹。古代各醫家都認爲茶是寒性，但寒的程度則説法不一，有認爲寒、微寒的。陸羽認爲茶作爲飲用之物，其味，即滋味爲“至寒”。

〔二〕爲飲，最宜精行儉德之人：茶作爲清涼飲料，最適宜修身養性、清静澹泊、生活簡樸的人。

〔三〕醍醐（tí hú 提胡）：經過多次製煉的乳酪，味極甘美。佛教典籍以醍醐譬喻佛性，涅槃經十四聖行品：“譬如從牛出乳，從乳出酪，從酪出酥，從生酥出熟酥，熟酥出醍醐，醍醐最上……佛以如是。”醍醐亦指美酒。甘露，即露水。老子第三十二章：“天地相合以降甘露。”所以古人常常用甘露來表示理想中最美好的飲料。太平御覽卷一二引瑞應圖載：“甘露者，美露也，神靈之精，仁瑞之澤，其凝如旨，其甘如飴，一名膏露，一名天酒。”（此爲孫柔之瑞應圖文，藝文類聚卷九八引孫氏瑞應圖：“甘露者，神露之精也。其味甘，王者和氣茂，則甘露降於草木。”）

〔四〕上黨：今山西省南部地區，戰國時爲韓地，秦設上黨郡，因其地勢甚高，與天爲黨，因名上黨。唐代改河東道潞州爲上黨郡，在今山西長治一帶。

〔五〕百濟：朝鮮古國，在今朝鮮半島西南部漢江流域一帶，公元1世紀興起，7世紀中葉統一於新羅。新羅：朝鮮半島東部之古國，在今朝鮮半島南部，公元前57年建國，後爲王氏高麗取代，與中國唐朝有密切關係。

〔六〕高麗：即古高句麗國，在今朝鮮半島北部，7世紀中葉爲新羅所併。

〔七〕澤州：唐時屬河東道高平郡，即今山西晉城。易州：唐時屬河北道上谷郡，在今河北易縣一帶。幽州：唐屬河北道范陽郡，即今北京及周圍一帶地區。檀州：唐屬河北道密雲郡，在今北京市密雲縣一帶。

〔八〕薺苨（jì nǐ 寄你）：草本植物，屬桔梗科，根莖與人參相似。北齊劉晝劉子新論卷四心隱第二十二云："愚與直相像，若薺苨之亂人參，蛇床之似蘼蕪也。"

〔九〕六疾：六種疾病，左傳昭公元年："天有六氣……淫生六疾，六氣曰陰、陽、風、雨、晦、明也。分爲四時，序爲五節，過則爲災。陰淫寒疾，陽淫熱疾，風淫末疾，雨淫腹疾，晦淫惑疾，明淫心疾。"後以六疾泛指各種疾病。瘳（chōu 抽）：病癒。

二 之 具

籯加追反①〔一〕，一曰籃，一曰籠，一曰筥〔二〕，以竹織之，受②五升〔三〕，或一㪷〔四〕、二㪷、三㪷者，茶人負以採茶也。籯，漢書音③盈，所謂④“黄金滿籯，不如一經〔五〕。”顔師古云：“籯，竹器也，受⑤四升耳。”

竈，無用突⑥〔六〕者。釜，用脣口〔七〕者。

【校記】

① 籯加追反：儀鴻堂本作“籯余輕切，音盈”。按：茶經所注與今音不同。

② 受：儀鴻堂本作“容”。

③ 音：原作“者”，今據竟陵本改。

④ 漢書音盈，所謂：儀鴻堂本作“漢書韋賢傳”。

⑤ 受：竟陵本作“容”。

⑥ 突：竟陵本作“窔”。儀鴻堂本注曰：“竈突，囱也。漢書：曲突徙薪。集韵作堗，一作竈窔。窔音森，未知孰是。”

【注釋】

〔一〕籯（yíng 營）：筐籠一類的盛物竹器。字也作“籝”。原注音加追反，誤。

〔二〕筥（jǔ 舉）：圓形的盛物竹器。詩召南采蘋：

“維筐及筥。”毛傳曰：“方曰筐，圓曰筥。”

〔三〕升：唐代一升約合今0.6升。

〔四〕㪷：與“斗”字同，一斗合10升。

〔五〕黄金滿籯，不如一經：此句出漢書卷七三韋賢傳“遺子黄金滿籯，不如一經”，文選左太沖蜀都賦劉逵注引韋賢傳，“籯”作“籝”，陸羽茶經沿用此“籯”。顔師古（581—645）：唐代訓詁學家，名籀，字師古，以字行，曾仕唐太宗朝，官至中書郎中。曾爲班固漢書等書作注。舊唐書卷七三、新唐書卷一九八有傳。

〔六〕窔：同突，煙囱。陸羽提出茶竈不要有煙囱，是爲了使火力集中鍋底，這樣可以充分利用鍋竈内的熱能。唐陸龜蒙茶竈詩曰：“無突抱輕嵐，有煙映初旭”（全唐詩卷六二〇），描繪了當時茶竈不用煙囱的情形。

〔七〕脣口：敞口，鍋口邊沿向外反出。

甑〔一〕，或木或瓦，匪腰而泥〔二〕，籃以箄之〔三〕，篾以系之〔四〕。始其蒸也，入乎箄；既其熟①也，出乎箄。釜涸，注於甑中。甑，不帶而泥之。又以穀木枝三椏②者製之〔五〕，散所蒸牙笋并葉，畏流其膏〔六〕。

【校記】

① 熟：西塔寺本作“蒸”。

② 椏：原作“亞”，今據照曠閣本改。按：竟陵本注

云："亞當作椏，木椏枝也"。

【注釋】

〔一〕甑（zèng 贈）：古代用於蒸食物的炊器，類似於現代的蒸鍋。

〔二〕匪腰而泥：甑不要用腰部突出的，而將甑與釜連接的部位用泥封住。這樣可以最大限度地利用鍋釜中的熱力效能。下文"甑，不帶而泥之"實是注這一句的。

〔三〕籃以箄之：本句意指以籃狀竹編物放在甑中作隔水器，便於箄中所盛茶葉出入於甑。箄（bēi 卑），小籠，覆蓋甑底的竹席。揚雄方言卷十三："箄，篝也（古筥字）……篝小者……自關而西秦晉之間謂之箄。"郭璞注云："今江南亦名籠爲箄。"

〔四〕篾以系之：用篾條繫著籃狀竹編物隔水器箄，以方便其進出甑。

〔五〕以穀木枝三椏者製之：用有三條枝椏的穀木製成叉狀器物翻動所蒸茶葉。穀（gǔ 谷）木：指構樹或楮樹，桑科，在中國分佈很廣，它的樹皮韌性大，可用來作繩索，故下文有"紉穀皮爲之"語，其木質韌性也大，且無異味。

〔六〕膏：膏汁，指茶葉中的精華。

杵臼，一曰碓，惟恒用者佳。

規，一曰模，一曰棬〔一〕，以鐵製之，或圓，或方，或花。

承，一曰臺，一曰砧，以石爲之。不然，以槐桑木半埋地中，遣無所摇動。

檐〔二〕，一曰衣，以油絹〔三〕或雨衫、單服敗者爲之。以檐置承上，又以規置檐上，以造茶也。茶成，舉而易之。

芘莉〔四〕音杷①離，一曰籝②子，一曰筹筤〔五〕。以二③小竹，長三赤④，軀二⑤赤五寸，柄五寸。以篾⑥織方眼，如圃人土羅⑦，闊二赤以列茶也。

【校記】

① 杷：唐代叢書本作“把”。按：茶經所注“芘”音與今音不同。

② 籝：原作“羸”，今據陸氏本改。按：華氏本作“羸”，通“籝”。

③ 二：大觀本作“一”。布目潮渢茶經詳解以爲原本作“一”，誤。

④ 赤：竟陵本作“尺”。涵芬樓本注云：“赤與尺同”。

⑤ 軀：集成本作“闊”，涵芬樓本作“軀亦”。二：集成本作“一”。

⑥ 篾：原作“蔑”，今據五朝小説本改。

⑦ 羅：西塔寺本作“籮”。

【注釋】

〔一〕 棬（quān 圈）：像升或盂一樣的器物，曲木製成。

〔二〕檐（yán 沿）：簷的本字。凡物下覆，四旁冒出的邊沿都叫檐。這裏指鋪在砧上的布，用以隔離砧與茶餅，使製成的茶餅易於拿起。

〔三〕油絹：塗過桐油或其他乾性油的絹布，有防水性能。雨衫，防雨的衣衫。單服，單薄的衣服。布目潮渢認爲油絹之"油"可能是"紬"，誤。油衣在唐代是地方貢物的一種，可防水遮雨。

〔四〕芘莉（bìlì 避利）：芘、莉爲兩種草名，此處指一種用草編織成的列茶工具，茶經中注其音爲杷離，與今音不同。按：可能當爲笓篱（pílí 皮離），笓泛指簍、筐之類的竹器，用竹或荆柳編織的障礙物；篱，竹名，蔓生，似藤，織竹爲笓篱，障也，篱與籬同。

〔五〕篣筤（pángláng 旁郎）：篣、筤爲兩種竹名，此處義同芘莉，指一種用竹編成籠、盤、箕一類的列茶工具。揚雄方言卷十三："籠，南楚江沔之間謂之篣。"

棨〔一〕，一曰錐刀。柄以堅木爲之，用穿茶也。

撲①〔二〕，一曰鞭。以竹爲之，穿茶以解〔三〕茶也。

焙〔四〕，鑿地深二尺，闊二尺五寸，長一丈。上作短墻，高二尺，泥之。

貫，削竹爲之，長二尺五寸，以貫茶焙之②。

棚，一曰棧。以木構於焙上，編木兩層，高一尺[③]，以焙茶也。茶之半乾，昇下棚，全乾，昇上棚。

【校記】

① 撲：五朝小説本作“樸”。

② 茶焙之：涵芬樓本作“焙茶也”。

③ 尺：説薈本作“丈”。

【注釋】

〔一〕棨（qǐ 起）：指用來在茶餅上鑽孔的錐刀。

〔二〕撲：穿茶餅的繩索、竹條。

〔三〕解（jiè 界）：搬運，運送。

〔四〕焙（bèi 倍）：微火烘烤，這裏指烘焙茶餅用的焙爐，又泛指烘焙用的裝置或場所。

穿〔一〕音釧，江東、淮南〔二〕剖竹爲之。巴川[①]峽山〔三〕紉穀皮爲之。江東以一斤爲上穿，半斤爲中穿，四兩五兩爲小[②]穿。峽中〔四〕以一百二十斤爲上穿[③]，八十斤爲中穿，五十斤爲小[④]穿。字[⑤]舊作釵釧之“釧”字，或作貫串。今則不然，如磨、扇、彈、鑽、縫五字，文以平聲書之，義以去聲呼之，其字以穿名之。

育，以木製之，以竹編之，以紙糊之。中有

隔，上有覆，下有床，傍有門，掩一扇。中置一器，貯煻煨〔五〕火，令熅熅〔六〕然。江南梅雨時〔七〕，焚之以火。育者，以其藏養爲名。

【校記】

① 川：五朝小説本作“州”。

② 小：喻政茶書本作“下”。

③ 穿：原脱，今據華氏本補。

④ 小：説薈本作“下”。

⑤ 字：喻政茶書本作“穿字”。

【注釋】

〔一〕穿（chuàn 串）：貫串製好茶餅的索狀工具。

〔二〕江東：唐開元十五道之一江南東道的簡稱。淮南：唐淮南道，貞觀十道、開元十五道之一。

〔三〕巴川峽山：指川東、鄂西地區，今湖北宜昌至重慶奉節的三峽兩岸。唐人稱三峽以下的長江爲巴川，又稱蜀江。

〔四〕峽中：指重慶、湖北境内的三峽地帶。

〔五〕煻煨（táng wēi 唐偉）：熱灰，可以煨物。

〔六〕熅熅（yūn yūn 暈暈）：火勢微弱没有火焰的樣子。漢書蘇武傳：“鑿地爲坎，置熅火。”顔師古注：“熅謂聚火無焱者也。”“焱”，同“焰”，火苗。

〔七〕江南梅雨時：農曆四、五月梅子黄熟時，江南正是陰雨連綿、潮濕大的季節，爲梅雨時節。江南：長江以南地區。一般指今江蘇、安徽兩省的南部和浙江省一帶。

三之造

凡採茶在二月、三月、四月之間〔一〕。

茶之笋者，生爛石沃土，長四五寸，若薇蕨〔二〕始抽，淩露採焉〔三〕。茶之牙者，發於藂薄〔四〕之上，有三枝、四枝、五枝者，選其中枝穎拔者採焉。其日有雨不採，晴有雲不採。晴，採之，蒸之，擣之，拍之，焙之，穿之，封之，茶之乾矣〔五〕。

【注釋】

〔一〕凡採茶在二月、三月、四月之間：唐曆與現今的農曆基本相同，其二、三、四月相當於現在公曆的三月中下旬至五月中下旬，也是現今中國大部分産茶區採摘春茶的時期。

〔二〕薇蕨：薇，薇科，蕨，蕨類植物，根狀莖很長，蔓生土中，多回羽狀複葉，此處用來比喻新抽芽的茶葉。

〔三〕淩露採焉：趁着露水還挂在茶葉上没乾時就採茶。

〔四〕藂薄：叢生的草木。“藂”同“叢”。

〔五〕茶之乾矣：本句頗難索解。諸家注釋茶經有三解：茶餅完全乾燥；茶就做完成了；將茶餅掛在高處。

茶有千萬狀，鹵莽而言〔一〕，如胡人鞾〔二〕者，蹙縮然京錐①文也〔三〕；犎牛臆〔四〕者，廉襜然〔五〕；浮雲出山者，輪囷②〔六〕然；輕飇〔七〕拂水者，涵澹〔八〕然。有如陶家之子，羅膏土以水澄泚〔九〕之謂澄泥也。又如新治地者，遇暴雨流潦之所經。此皆茶之精腴。有如竹籜〔一〇〕者，枝幹堅實，艱於蒸擣，故其形籭簁〔一一〕然上離下師③。有如霜荷者，莖④葉凋沮〔一二〕，易其狀貌，故厥狀委悴⑤〔一三〕然。此皆茶之瘠老者也。

【校記】

① 錐：原作“雖”，今據竟陵本改。“京錐”：四庫本作“謂”。

② 囷：原作“菌”，今據四庫本改。

③ 上離下師：儀鴻堂本作“音詩洗”。

④ 莖：陶氏本作“至”。

⑤ 悴：原作“萃”，今據照曠閣本改。喻政茶書本作“瘁”，義同。

【注釋】

〔一〕鹵莽而言：粗略地説，大致而言。

〔二〕胡人鞾：胡，我國古代北部和西部非漢民族的通稱，他們通常穿着長筒的靴子。韡，靴的本字。

〔三〕蹙（chù 促）：皺縮。文：紋理。京錐：不知何解。吴覺農解釋爲箭矢上所刻的紋理，周靖民解爲大鑽子刻劃的綫紋，布目潮渢則沿大典禪師的解説，認爲是一種當時著名的紋樣。

〔四〕犎（fēng 風）牛：即封牛，一種野牛。竟陵本注曰："犎，音朋，野牛也。"注音與今音不同。臆（yì 意）：胸部。漢書西域傳："罽賓出犎牛。"顔師古注："犎牛，項上隆起者也。"積土爲封，因爲犎牛頸後肩胛上肉塊隆起，故以名之。

〔五〕廉襜然：像帷幕一樣有起伏。廉，邊側；襜（chān 摻），圍裙，車帷。

〔六〕輪囷（qūn 逡）：曲折迴旋狀。史記鄒陽傳："輪囷離詭"，裴駰集解曰："委曲盤戾也。"

〔七〕飈（biāo 彪）：本義暴風，又泛指風。

〔八〕涵澹：水因微風而摇蕩的樣子。

〔九〕澄（dèng 鄧）：沉澱，使液體中的雜質沉澱分離。泚（chǐ 尺）：清，鮮明。澄泥，陶工淘洗陶土。

〔一〇〕籜（tuò 拓）：竹皮，俗稱笋殼，竹類主稈所生的葉。

〔一一〕籭：同篩，麗聲，竹器，可以去粗取細，即民間所用的竹篩子。簁（shāi 篩）：竹篩子。説文竹部："籭，竹器也，可以去粗取細，從竹，麗聲。"段玉裁注："籭，篵，古今字也，（漢）書賈山傳作篩”。

〔一二〕凋沮：凋謝，枯萎，敗壞。

〔一三〕委悴：枯萎，憔悴，枯槁。

自採至于封七經目，自胡靴至于霜荷八等。或以光黑平正言嘉[①]者，斯鑒之下也；以皺黄坳垤[〔一〕]言佳[②]者，鑒之次也；若皆言嘉[③]及皆言不嘉者，鑒之上也。何者？出膏者光，含膏者皺；宿製者則黑，日成者則黄；蒸壓則平正[④]，縱之[〔二〕]則坳垤。此茶與草木葉一也。茶之否臧[⑤][〔三〕]，存[⑥]於口訣。

【校記】

① 嘉：照曠閣本作“佳”。

② 佳：儀鴻堂本作“嘉”。

③ 嘉：涵芬樓本作“嘉者”。

④ 正：儀鴻堂本作“直”。

⑤ 否臧：四庫本作“臧否”。

⑥ 存：大觀本作“要”。

【注釋】

〔一〕坳垤：指茶餅表面凹凸不平整。坳（āo 嗷），土地低凹；垤（dié 疊），小土堆。

〔二〕縱之：放任草率，不認真製作。

〔三〕否臧：成敗，好壞。易師卦："師出以律，否臧凶。"孔穎達疏："否謂破敗，臧謂有功，然否爲破敗即是凶也，何須更云否臧凶者，本義所明，雖臧亦凶，臧文既單，故以否配之。"

茶經卷中

四之器

風爐灰承　筥　炭檛　火筴[①]　鍑

交床　夾　紙囊　碾拂末　羅合

則　水方　漉水囊　瓢　竹筴

鹾簋揭[②]　熟盂　盌　畚紙帊[③]　札

滌方　滓方[④]　巾　具列　都籃[一]

【校記】

① 火筴：原脱，今據四庫本補。

② 揭：原作“楬”，據下文及文義改。參看下文注。

③ 紙帕：二字原脱，據下文畚條，紙帕爲畚的附屬器，據補。

④ 滓方：二字原脱，據四庫本補。

【注釋】

〔一〕以上是茶器的目録，注文是該茶器的附屬器物。按：此處底本所列茶器共二十一種（加上附屬器二種共有二十三種），以下正文所列二十五種（加上附屬器四種共有二十九種），皆與九之略中“但城邑之中，王公之門，二十四器闕一，則茶廢矣”之數目“二十四”不符。文中有“以則置合中”，或許是陸羽將羅合與則計爲一器，則是正文爲二十四器了。又按：茶經中所列茶器的實際器物數當爲三十種，即羅合實爲羅與合二種器物。

風爐灰承

風爐以銅鐵鑄之，如古鼎形，厚三分，緣闊九分，令六分虚中，致其杇墁〔一〕。凡三足，古文〔二〕書二十一字。一足云：“坎上巽下離于中〔三〕”；一足云：“體均五行去百疾”；一足云：“聖唐滅胡明年鑄〔四〕”。其三足之間，設三窻。底一窻以爲通飈漏燼之所。上並古文書六字，一窻之上書“伊公〔五〕”二字，一窻之上書“羹陸”二字，一窻之上書“氏茶”二字。所謂“伊公羹，陸氏茶”也。置墆埠①〔六〕於其内，設三格：其一格有翟〔七〕焉，翟者，火禽也，畫一卦曰離；其一格有彪〔八〕焉，彪者，風獸也，畫一卦曰巽；其一格有魚焉，魚者，水蟲〔九〕也，畫一卦曰坎。巽主風，離主火，坎主水，風能興火，火能熟②水，故備其三卦焉。其飾，以連葩、垂蔓、曲水、方文〔一〇〕之類。其爐，或鍛③〔一一〕鐵爲之，或運泥爲之。其灰承，作三足鐵柈檯④之〔一二〕。

【校記】

① 墁：原作“墁”，今據陶氏本改。

② 熟：涵芬樓本作“熱”。

③ 鍛：涵芬樓本作“鍊”。

④ 檯：竟陵本作“擡”，西塔寺本作“臺”。

【注釋】

〔一〕杇墁：塗抹牆壁，此處指塗抹風爐内壁的泥粉。

〔二〕古文：上古之文字，如金文、古籀文和篆文等。

〔三〕坎上巽下離于中：坎、巽、離均爲周易的卦名。坎的卦形爲“☵”，象水；巽的卦形爲“☴”，象風象木；離的卦形爲“☲”，象火象電。煮茶時，坎水在上部的鍋中，巽風從爐底之下進入助火之燃，離火在爐中燃燒。

〔四〕聖唐滅胡明年鑄：滅胡，一般指唐朝徹底平定了安禄山、史思明等人八年叛亂的廣德元年（763），陸羽的風爐造在此年的第二年，即 764 年。據此可知，茶經於 764 年之後曾經修改。

〔五〕伊公：即伊摯，相傳他在公元前 17 世紀初，輔佐湯武王滅夏桀，建立殷商王朝，擔任大尹（宰相），所以又稱之爲伊尹。據説他很會烹調煮羹，藉之以爲相。史記殷本紀：“伊尹名阿衡。阿衡欲干湯而無由，乃爲有莘氏媵臣，負鼎俎，以滋味説湯，致于王道。”

〔六〕墆（dì 帝）：底。㙞（niè 聶），小山也。原作“埭”，“㙞”的訛字。“墆㙞”現有二解，一指風爐内置口緣上有一般爲三處突起用以放鍋的支撑物，其突起之間的空隙可以使燃燒産生的廢氣從中排出。三處突起之間的圓面自然分成三格，分别繪有坎、巽、離三卦。二爲置於風爐之内爐膛式的部分，頂端有三處突起以支撑鍋，而其底部爲有多處鏤空的隔籬，隔籬分成三格，每一格内的鏤空爲坎、巽、離三卦之形狀。頂端突起可以排廢氣，而底部的鏤孔則又可以“通飇漏燼”。筆者以爲墆㙞當是置於爐膛内靠底部位置的爐箅子，詳見拙文風爐考（第九届中國國際茶文化研討會暨第三届嶗山國際茶文化節論文集 150—156 頁）。

〔七〕翟（dí 狄）：長尾的山雞，又稱雉。我國古代認爲野雞屬於火禽。

〔八〕彪：小虎，我國古代認爲虎從風，屬於風獸。

〔九〕水蟲：我國古代稱蟲、魚、鳥、獸、人爲五蟲，水蟲指水族，水産動物。

〔一〇〕連葩：連綴的花朵圖案，葩通花。垂蔓：小草藤蔓綴成的圖案。曲水：曲折迴蕩的水波形圖案。方文：

方塊或幾何形花紋。

〔一一〕鍜：同“鍛”，小冶。漢許慎說文：“熔鑄金爲冶，以金入火焠而椎之爲小冶。”

〔一二〕柈（pán 蟠）：同“盤”，盤子。檯：有光滑平面、由腿或其他支撑物固定起來的像臺的物件。

筥

筥，以竹織之，高一尺二寸，徑闊七寸。或用藤，作木楦〔一〕如筥形織之，六出圓①眼〔二〕。其底蓋若利篋〔三〕口，鑠〔四〕之。

炭檛〔五〕

炭檛，以鐵六稜製之，長一尺，銳上②豐中〔六〕，執細頭系一小鍉③〔七〕以飾檛也，若今之河隴軍人木吾〔八〕也。或作鎚④，或作斧，隨其便也。

火筴⑤

火筴，一名筯〔九〕，若常用者，圓直一尺三寸，頂平截，無葱臺勾鏁之屬〔一〇〕，以鐵或熟銅製之。

【校記】

① 圓：原作“圎”，今據竟陵本改。

② 上：原作“一”，今據長編本改。按：本句意指炭檛頭上尖，中間粗大，故當以“上”爲較妥。

③ 鋸：儀鴻堂本注曰：“當爲鐶”。

④ 鎚：儀鴻堂本作“槌”。

⑤ 筴：西塔寺本作“夾”。下同。

【注釋】

〔一〕棬（xuàn 眩）：製鞋帽所用的模型，這裏指筥形的木架子。

〔二〕六出：花開六瓣及雪花晶成六角形都叫六出，這裏指用竹條織出六角形的洞眼。

〔三〕利篋：竹箱子。吴覺農、傅樹勤、周靖民都認爲“利”當爲“筣”，一種小竹。篋，長而扁的箱籠。

〔四〕鑠：爾雅釋詁注曰“美也”，北宋徐鉉説文解字注曰“銷也”，則鑠意爲摩削平整以美化之意。

〔五〕炭檛（zhuā 抓）：碎炭用的錘式器具。漢史游急就篇卷三“鐵錘”顔師古注曰：“麤者曰檛，細者曰杖梲。”

〔六〕鋭上豐中：指鐵檛上端細小，中間粗大。

〔七〕鋸（zhǎn 展）：炭檛上的飾物。

〔八〕河隴：河指唐隴右道河州，在今甘肅臨夏附近，隴指唐關内道隴州，在今陝西寶雞隴縣。木吾（yù 玉）：防禦用的木棒。吾，通“禦”，防禦。晉崔豹古今注卷上：“漢朝執金吾。金吾，亦棒也。以銅爲之，黄金塗兩末，謂爲金吾。御史大夫、司隸校尉亦得執焉。御史、校尉、郡中都尉、縣長之類，皆以木爲吾焉。”

〔九〕筯（zhù 住）：同“箸”，筷子，用來夾物的食具。火筯：火筷子，火鉗。

〔一〇〕無葱臺勾鏁之屬：指火筴頭無修飾。

鍑音輔，或作釜，或作鬴

鍑，以生鐵爲之。今人有業冶者，所謂急鐵〔一〕，其鐵以耕刀之趄①〔二〕，鍊而鑄之。内摸土而外摸沙〔三〕。土滑於内，易其摩②滌；沙澀於外，吸其炎焰。方其耳，以正令〔四〕也。廣其緣，以務遠也〔五〕。長其臍，以守中也〔六〕。臍長，則沸中〔七〕；沸中，則末易揚；末易揚，則其味淳也。洪州以瓷爲之〔八〕，萊州以石爲之〔九〕。瓷與石皆雅器也，性非堅實，難可持久。用銀爲之，至潔，但涉於侈麗。雅則雅矣，潔亦③潔矣，若用之恒，而卒歸於銀④也〔一〇〕。

【校記】

① 刀：説薈本作“削”。趄：儀鴻堂本注曰：“當作鉏，鉏音徂，農人去穢除苗之器。”

② 摩：説薈本作“洗”。

③ 亦：涵芬樓本作“則”。

④ 銀：喻政茶書本作“鐵”。儀鴻堂本注曰：“當

作鐵。”

【注釋】

〔一〕急鐵：即前文所言的生鐵。

〔二〕耕刀之趄：用壞了不能再使用的犁頭。耕刀：犁頭；趄（qìe 切），本意傾側、歪斜，這裏引申爲殘破、缺損。

〔三〕内摸土而外摸沙：製鍑的内模用土製作，外模用沙製作。“摸”爲“模”的異體字。

〔四〕正令：使之端正。

〔五〕“廣其緣”二句：鍑頂部的口沿要寬一些，可以將火的熱力向全鍑引伸，使燒水沸騰時有足夠的空間。

〔六〕“長其臍”二句：鍑底臍部要略突出一些，以使火力能夠集中。

〔七〕“臍長”二句：鍑底臍部略突出，則煮開水時就可以集中在鍋中心位置沸騰。

〔八〕洪州：唐江南道、江南西道屬州，即今江西南昌，歷來出産褐色名瓷。天寶二年（743），韋堅鑿廣運潭，獻南方諸物産，豫章郡（洪州改稱）船所載即“名瓷，酒器，茶釜、茶鐺、茶椀”等（舊唐書卷一〇五），在長安望春樓下供玄宗及百官觀賞。

〔九〕萊州：漢代東萊郡，隋改萊州，唐沿之，治所在今山東掖縣，唐時的轄境相當於今山東掖縣、即墨、萊陽、平度、萊西、海陽等地。新唐書地理志載萊州貢石器。

〔一〇〕而卒歸於銀也：最終還是用銀製作鍑好。

交床〔一〕

交床，以十字交之，剜中令虚，以支鍑也。

夾

夾，以小青竹爲之，長一尺二寸。令一寸有節，節已上剖之，以炙茶也。彼竹之篠〔二〕，津潤于火，假其香潔以益茶味〔三〕，恐非林谷間莫之致。或用精鐵熟銅之類，取其久也。

紙囊

紙囊，以剡藤紙〔四〕白厚者夾縫之。以貯所炙茶，使不泄其香也。

【注釋】

〔一〕交床：即胡床，一種可摺疊的輕便坐具，也叫交椅、繩床。唐杜寶大業雜記："（煬帝）自幕北還，改胡床爲交床。"

〔二〕篠（xiǎo 小）：小竹。

〔三〕"津潤于火"二句：小青竹在火上烤炙，表面就會滲出津液和香氣，陸羽認爲以竹夾夾茶烤炙時烤出的竹液清香純潔，有助益於茶香。

〔四〕剡（shàn 善）藤紙：剡溪所産以藤爲原料製作的紙，唐代爲貢品。唐李肇唐國史補卷下："紙則有越之剡藤。"按：剡溪在今浙江嵊州。

碾拂末〔一〕

碾，以橘木爲之，次以梨、桑、桐、柘爲之①。内圓而外方。内圓備於運行也，外方制其傾危也。内容墮〔二〕而外無餘木。墮，形如車輪，不輻而軸焉。長九寸，闊一寸七分。墮徑三寸八分，中厚一寸，邊厚半寸，軸中方而執②圓。其拂末以鳥羽製之。

羅合

羅末，以合蓋貯之，以則置合中。用巨竹剖而屈之，以紗絹衣之。其合以竹節爲之，或屈杉以漆之，高三寸，蓋一寸，底二寸，口徑四寸。

則

則，以海貝、蠣蛤之屬，或以銅、鐵、竹匕策〔三〕之類。則者，量也，准也，度也。凡煮水一升，用末方寸匕〔四〕。若好薄者，減之，嗜濃者，增之，故云則也。

【校記】

① 柘：照曠閣本作“柳”。之：原作“臼”，今據竟陵本改。

② 執：説薈本作“且”，涵芬樓本作“外”。

【注釋】

〔一〕拂末：拂掃歸攏茶末的用具。

〔二〕墮：碾輪。

〔三〕匕：食器，曲柄淺斗，狀如今之羹匙、湯勺。古代也用作量藥的器具。策：竹片、木片。

〔四〕方寸匕：唐孫思邈備急千金要方卷一“方寸匕者，作匕正方一寸，抄散取不落爲度。”

水方

水方，以椆木、槐、楸、梓〔一〕等合之，其裏并外縫漆之，受一斗。

漉〔二〕水囊

漉水囊，若常用者，其格以生銅鑄之，以備水濕，無有苔穢腥澀〔三〕意。以熟銅苔穢，鐵腥澀也。林栖谷隱者，或用之竹木。木與竹非持久涉遠之具，故用之生銅。其①囊，織青竹以捲之，裁碧縑〔四〕以縫之，紐翠鈿〔五〕以綴之②。又作綠油囊〔六〕以貯之，圓徑五寸，柄一寸五分。

【校記】

① 其：涵芬樓本作“爲”。

② 紐：華氏本作“細”，涵芬樓本作“紉”。鈿：涵芬樓本作“紬”。

【注釋】

〔一〕裯（chóu 愁）木：屬山毛櫸科，木質堅重。楸、梓，均爲紫葳科。

〔二〕漉（lù 慮）：過濾，滲。

〔三〕苔穢腥澀：周靖民的解釋是，銅與氧化合的氧化物呈綠色，像苔蘚，顯得很髒，實際有毒，對人體有害；鐵與氧化合的氧化物呈紫紅色，聞之有腥氣，口嘗有澀味，實際對人體也有害（見中國茶酒詞典第 591 頁）。

〔四〕縑（jiān 尖）：細絹。

〔五〕紐翠鈿：紐綴上翠鈿以爲裝飾。翠鈿，用翠玉製成的首飾或裝飾物。

〔六〕綠油囊：綠油絹做的袋子。油絹是有防水功能的絹紬。

瓢

瓢，一曰犧杓〔一〕。剖瓠〔二〕爲之，或刊木爲之。晉舍人杜育[①]荈賦〔三〕云："酌之以匏〔四〕。"匏，瓢也。口闊，脛薄，柄短。永嘉〔五〕中，餘姚人虞洪入瀑布山採茗〔六〕，遇一道士，云："吾，丹丘子〔七〕，祈子他日甌犧〔八〕之餘，乞[②]相遺也。"犧，木杓也。今常用以梨木爲之。

竹筴[③]

竹筴，或以桃、柳、蒲葵木爲之，或以柿心木爲之。長一尺，銀裹兩頭。

鹺簋揭〔九〕

鹺簋，以瓷爲之。圓徑四寸，若合形，或瓶、或罍〔一〇〕，貯鹽花也。其揭，竹製，長四寸一分，闊九分。揭，策也。

【校記】

① 育：原作"毓"，今據藝文類聚卷八二改。下同。

② 乞：西塔寺本作"迄"。

③ 筴：竟陵本作"夾"。下同。

【注釋】

〔一〕犧（xī 西）杓：舊讀 suō（縮），古代一種有雕飾的酒尊。詩魯頌閟宮朱熹集傳："犧尊，畫牛於尊腹也。

或曰，尊作牛形，鑿其背以受酒也。”漢淮南王劉安淮南子卷二：“百圍之木斬而爲犧尊，鏤之以剞劂，雜之以青黄華藻，鏄鮮龍蛇虎豹曲成文章。”

〔二〕瓠（hù 户）：蔬類植物，也叫扁蒲、葫蘆。

〔三〕杜育（265—316）：字方叔，河南襄城人，西晉時人，官至中書舍人。事迹散見於晉書傅祗、荀晞、劉琨等傳。荈賦，原文有散佚，現可從北堂書鈔、藝文類聚、太平御覽等書中輯出二十餘句：“靈山惟嶽，奇産所鍾，瞻彼卷阿，實曰夕陽，厥生荈草，彌谷被岡。承豐壤之滋潤，受甘靈之霄降。月惟初秋，農功少休，結偶同旅，是采是求。水則岷方之注，挹彼清流，器澤陶簡，出自東隅。酌之以匏，取式公劉。惟兹初成，沫沈華浮。焕如積雪，曄若春敷。”“若乃淳染真辰，色殨青霜。□□□□，白黄若虚。調神和内，倦解慵除。”

〔四〕匏（páo 袍）：葫蘆之屬。

〔五〕永嘉：晉懷帝年號，公元 307—313 年。

〔六〕餘姚：即今浙江餘姚。秦置，隋廢，唐武德四年（621）復置，爲姚州治，武德七年之後屬越州。瀑布山：北宋樂史太平寰宇記卷九十八將此條内容繫於台州天台縣（唐時先後稱名始豐縣、唐興縣）“瀑布山”下，則此處瀑布山是台州的瀑布山，與下文八之出餘姚縣的瀑布泉嶺不是同一山。明一統志卷四十七：“在天台縣西四十里，一名紫凝山，有瀑布水，陸羽記天下第十七水，蓋與福聖、國清二瀑爲三。其山產大葉茶。”

〔七〕丹丘：神話中的神仙之地，晝夜長明。楚辭遠游：“仍羽人於丹丘兮，留不死之舊鄉。”後來道家以丹丘子指來自丹丘仙鄉的仙人。

〔八〕甌犧：杯杓。此處指喝茶用的杯杓。北宋樂史太平寰宇記卷九八引爲“甌蟻”，太平御覽卷八六七引爲“甌蟻”，而“甌蟻”指的是酒不是茶。

〔九〕鹺簋：盛鹽的容器。鹺（cuó 嵯）：味濃的鹽；簋（guǐ 軌）：古代橢圓形盛物用的器具。揭：與“撳”同，竹片作的取鹽用具。

〔一〇〕罍（léi 雷）：酒尊，其上飾以雲雷紋，形似大壺。

熟盂

熟盂，以貯熟水，或瓷，或沙，受二升。

盌

盌，越州上〔一〕，鼎州〔二〕次，婺州〔三〕次，岳州〔四〕次①，壽州〔五〕、洪州次。或者以邢州〔六〕處越州上，殊爲不然。若邢瓷類銀，越瓷類玉，邢不如越一也；若邢瓷類雪，則越瓷類冰，邢不如越二也；邢瓷白而茶色丹，越瓷青而茶色緑，邢不如越三也。晉杜育荈賦所謂："器澤陶簡[②]，出自東甌。"甌，越也。甌，越州上，口唇不卷，底卷而淺，受半升[③]已下。越州瓷、岳瓷皆青，青則益茶。茶作白紅[④]之色。邢州瓷白，茶色紅；壽州瓷黄，茶色紫；洪州瓷褐，茶色黑；悉[⑤]不宜茶。

【校記】

① 次：唐宋叢書本作"上"。吴覺農茶經述評稱"據下文看，應爲'上'字"。

② 澤：原作"擇"；簡：原作"揀"，今據藝文類聚卷八二改。

③ 升：竟陵本作"斤"，陸氏本作"觔"。按：茶經中並無以"斤"作爲容量量度者。

④ 白紅：涵芬樓本作"紅白"。

⑤ 悉：四庫本作"皆"。

【注釋】

〔一〕越州：治所在會稽（今浙江紹興），轄境相當於今浦陽江、曹娥江流域及餘姚縣地。越州在唐、五代、宋時以産秘色瓷器著名，瓷體透明，是青瓷中的絶品。此處越州即指所在的越州窰，以下各州也均是指位於各州的瓷窰。

〔二〕鼎州：唐曾經有二鼎州，一在湖南，轄境相當於今湖南常德、漢壽、沅江、桃源等縣一帶；二在今陝西涇陽、醴泉、三原、雲陽一帶。

〔三〕婺州：唐天寶間稱爲東陽郡，州治今金華，轄境相當於今浙江金華江、武義江流域各縣。

〔四〕岳州：唐天寶間稱巴陵郡，州治今岳陽，轄境相當於今湖南洞庭湖東、南、北沿岸各縣，岳窰在湘陰縣，生産青瓷。

〔五〕壽州：唐天寶間稱壽春郡，在今安徽省壽縣一帶。壽州窰主要在霍丘，生産黄褐色瓷。

〔六〕邢州：唐天寶間稱鉅鹿郡，相當於今河北巨鹿、廣宗以西，泜河以南，沙河以北地區。唐宋時期邢窰燒製瓷器，白瓷尤爲佳品。邢窰主要在内丘縣，唐李肇唐國史補卷下稱："凡貨賄之物，侈於用者，不可勝紀……内邱白甆甌，端溪紫石硯，天下無貴賤，通用之。"其器天下通用，是唐代北方諸窰的代表窰，定爲貢品。按：陸羽對邢瓷等與越瓷的比較性評議曾遭非議，范文瀾在中國通史第三編第258頁評論道：陸羽按照瓷色與茶色是否相配來定各窰優劣，説邢瓷白盛茶呈紅色，越瓷青盛茶呈緑色，因而斷定邢不如越，甚至取消邢窰，不入諸州品内。又因洪州瓷褐色盛茶呈黑色，定爲最次品。瓷器應憑質量定優劣，陸羽以瓷色爲主要標準，只能算是飲茶人的一種偏見。對此，周靖民在對茶經的校注中已有辯論："因爲唐代主要是飲用蒸青餅茶，除要求香氣高、滋味濃厚外，還要求湯色緑，在陸羽前後的詩人所作詩歌中都讚美緑色茶湯，如李泌、白居易、秦韜玉、陸龜蒙、鄭谷等。陸羽是從審評的觀點喜愛青瓷，其他瓷色襯托的茶湯容易產生錯覺，這是茶人的需要，不是‘茶人的偏見’。”（中國茶酒辭典第592頁）

畚紙帊①〔一〕

畚，以白蒲〔二〕捲而編之，可貯盌十枚。或用筥。其紙帊②以剡紙夾縫，令方，亦十之也。

札

札，緝栟櫚皮以茱萸〔三〕木夾而縛之，或截竹束而管之，若巨筆形。

滌方

滌方，以貯滌洗之餘，用楸木合之，製如水方，受八升。

【校記】

① 紙帊：原脱，按茶經行文款式，附屬器皆以小字列於主器之後，據補。

② 帊：涵芬樓本作“幅”。

【注釋】

〔一〕畚：用蒲草或竹篾編織的盛物器具。帊（pà

帕）：帛二幅或三幅爲帊，亦作衣服解。紙帊，指茶盌的紙套子。

〔二〕白蒲：莎草科。

〔三〕茱萸：屬芸香科。

滓方

滓方，以集諸滓，製如滌方，處[①]五升。

巾

巾，以絁[一]布爲之，長二尺，作二枚，互用之，以潔諸器。

具列

具列，或作床[二]，或作架。或純木、純竹而製之，或木，或[②]竹，黃黑可扃[三]而漆者。長三尺，闊二尺，高六寸。具列[③]者，悉斂諸器物，悉以陳列也。

都籃

都籃，以悉設[④]諸器而名之。以竹篾内作三角方眼，外以雙篾闊者經之，以單篾纖者縛之，遞壓雙經，作方眼，使玲瓏。高一尺五寸，底闊一尺、高二寸，長二尺四寸，闊二尺。

【校記】

① 處：儀鴻堂本作“受”。

② 或：原作“法”，今據竟陵本改。

③ 具列：原作“其到”，今據竟陵本改。

④ 設：涵芬樓本作“没”。

【注釋】

〔一〕絁（shī 施）：粗綢，似布。

〔二〕床：擱放器物的支架、几案等。

〔三〕扃：同“扃”。扃（jiōng 冋）：從外關閉門箱窗櫃上的插關。

茶經卷下

五 之 煮

凡炙茶，慎勿於風燼間炙，熛〔一〕焰如鑽，使炎涼不均。持以逼火，屢其飜正，候炮〔二〕普教[①]反出培塿〔三〕，狀蝦蟇背，然後去火五寸。卷而舒，則本其始又炙之。若火乾者，以氣熟止；日乾者，以柔止。

其始，若茶之至嫩者，蒸[②]罷熱搗，葉爛而牙笋存焉。假以力者，持千鈞杵亦不之爛。如漆科珠〔四〕，壯士接之，不能駐其指。及就，則似無穰〔五〕骨也[③]。炙之，則其節若倪倪〔六〕，如嬰兒之臂耳。既而承熱用紙囊貯之，精華之氣無所散越，候寒末之。末之上者，其屑如細米。末之下者，其屑如菱角。

【校記】

① 教：儀鴻堂本作“救”。

② 蒸：原本漫漶，後人描爲“茶”，陶氏本即作“茶”，今據日本本作“蒸”。

③ 穰：原本漫漶不清，後人描爲“穰”，華氏本作“穰”，今據日本本作“穰”。骨：原本漫漶，後人描爲“滑”，今據日本本作“骨”。

【注釋】

〔一〕熛（biāo 彪）：迸飛的火焰。

〔二〕炮（páo 咆）：用火烘烤。

〔三〕培塿：小山或小土堆。

〔四〕漆科珠：張芳賜、蔡嘉德解釋爲漆樹子，圓滑如珠。

〔五〕穰（ráng 瓤）：禾的莖稈。

〔六〕俛俛：弱小的樣子。

其火用炭，次用勁薪。謂桑、槐、桐、櫪之類也。其炭，曾經燔〔一〕炙，爲膻膩所及，及膏木〔二〕、敗器不用之。膏木爲柏、桂、檜也①，敗器謂杇廢器也②。古人有勞薪之味〔三〕，信哉。

其水，用山水上③，江水次④，井水下。荈賦所謂："水則岷方⑤之注〔四〕，挹⑥彼清流"。其山水，揀乳泉〔五〕、石池慢流者上⑦；其瀑湧湍漱〔六〕，勿食之，久食令人有頸疾。又多别⑧流於山谷者，澄浸不泄，自火天至霜郊以前⑨〔七〕，或⑩潛龍〔八〕蓄毒於其間，飲者可決之，以流其惡，使新泉涓涓然，酌之。其江水取去人遠者，井⑪取汲多者。

【校記】

① 膏木爲柏、桂、檜也：原本漫漶，後人描爲"膏本爲柏、杜、檜如"，今據華氏本。"爲"，日本本作"謂"。"桂"，日本本作"樫"。"檜"，儀鴻堂本作"槐"。

② 謂：欣賞本作"爲"。杇：秋水齋本作"朽"。器：原作"噐"，今據竟陵本改。

③ 用山水上：説薈本作"用山水，山水上"。

④ 次：原本漫漶，後人描爲"中"，今據日本本作"次"。按：北宋歐陽修大明水記、南宋寧宗時潘自牧記纂淵海引録茶經皆作"江水次"。

⑤ 方：儀鴻堂本作"山"。

⑥ 挹：原作"揖"，今據藝文類聚卷八二改。

⑦ 池：原本漫漶，後人描爲"地"，陶氏本亦作"地"，今據日本本作"池"。慢流：涵芬樓本作"出"。

⑧ 多别：涵芬樓本作"水"。

⑨ 火天：涵芬樓本作"大火"。郊：涵芬樓本作

“降”。

⑩ 或：原本漫漶，後人描爲“惑”，今據日本本作“或”。

⑪ 井：四庫本作“井水”。

【注釋】

〔一〕燔（fán 凡）：火燒，烤炙。

〔二〕膏木：有油脂的樹木。

〔三〕勞薪之味：指用陳舊或其他不適宜的木柴燒煮而使味道受影響的食物，典出世説新語術解：“荀勗嘗在晉武帝坐上食筍進飯，謂在坐人曰：‘此是勞薪炊也。’坐者未之信，密遣問之，實用故車腳。”

〔四〕岷方之注：岷江流淌的清水。

〔五〕乳泉：從石鐘乳滴下的水，富含礦物質。

〔六〕瀑湧湍漱：山泉洶湧翻騰衝擊。

〔七〕火天：熱天，夏天。霜郊：疑爲霜降之誤。霜降：節氣名，公曆 10 月 23 日或 24 日。火天至霜郊，指公曆 6 月至 10 月霜降以前的這段時間。

〔八〕潛龍：潛居於水中的龍蛇，蓄毒於水内。周靖民茶經校注認爲：實際是停滯不泄的積水（死水），孳生了細菌和微生物，並且積存有大量動植物腐敗物，經微生物的分解，産生一些有害人身的可溶性物質。

其沸如魚目〔一〕，微有聲，爲一沸。緣邊如湧泉連珠，爲二沸。騰波鼓浪，爲三沸。已上水老，不可食也。初沸，則水合量調之以鹽味〔二〕，謂棄其啜餘〔三〕。啜，嘗也，市税反，又市悦反。無迺䶗艦而鍾其一味乎〔四〕？上①古暫反，下吐濫反②。無味也。第二沸出水一③瓢，以竹筴④環激湯心，則量⑤末當中心而下。有頃，勢若奔濤濺沫，以所出水止之，而育其華〔五〕也。

【校記】

① 上：秋水齋本作“䶗”。

② 下：秋水齋本作“艦”。吐：益王涵素本作“味”。

③ 一：説薈本爲“二”。

④ 筴：西塔寺本爲“夾”。

⑤ 量：涵芬樓本爲“煎”。

【注釋】

〔一〕魚目：水初沸時水面出現的像魚眼睛的小水泡。唐宋時代也有稱爲蝦目、蟹眼。

〔二〕則水合量：估算水的多少調放適量的食鹽。則，估算。

〔三〕棄其啜餘：將嘗過剩下的水倒掉。

〔四〕無迺䶗艦而鍾其一味乎：蔡嘉德、吕維新茶經語釋作如下解：不能因爲水中無味而過分加鹽，否則豈不是成了衹喜歡鹽這一種味道了嗎?䶗艦（gǎn dǎn 赶膽），無味。

〔五〕華：精華，湯花，茶湯水表面的浮沫。

凡酌，置諸盌，令沫餑〔一〕均①。字書〔二〕并本草：餑②，茗沫也。蒲笏反③。沫餑，湯之華也。華之薄者曰沫，厚者曰餑。細輕者曰花，如棗花漂漂然於環池之上；又如迴潭曲渚〔三〕青萍之始生；又如晴天爽朗有浮雲鱗然。其沫者，若緑錢〔四〕浮於水渭④，又如菊英墮於鐏⑤俎〔五〕之中。餑者，以滓煮之，及沸，則重華累沫，皤皤〔六〕然若積雪耳。荈賦所謂"焕如積雪，燁若春藪⑥〔七〕"，有之。

【校記】

① 沫：儀鴻堂本作"末"。餑：涵芬樓本作"酵"，下同。

② 餑：原作"餑均"，今據長編本改。按："均"字當爲衍文。益王涵素本"均"字作"訓"。

③ 蒲笏反：長編本作"餑，蒲笏反"。

④ 渭：説薈本作"湄"，涵芬樓本作"濱"。

⑤ 鐏：秋水齋本作"罇"，宜和堂本作"罇"，欣賞本作"樽"，照曠閣本作"尊"。

⑥ 燁：藝文類聚作"曄"。藪，同上書作"敷"。

【注釋】

〔一〕餑（bō 玻）：茶湯表面上的浮沫。

〔二〕字書：當指其時已有的字典，如説文、廣韻、開元文字音義等。布目潮渢以爲隋陸法言切韻所言"餑，茗餑也"庶幾近之。

〔三〕迴潭：迴旋流動的潭水；曲渚：曲曲折折的洲渚。渚，水中陸地。

〔四〕緑錢：苔蘚的别稱。

〔五〕菊英：菊花，不結果的花叫英，英是花的别名。楚辭離騷："夕餐秋菊之落英。"鐏：盛酒的器皿，尊、樽、罇、鐏諸字同。俎：盛肉的器皿。

〔六〕皤皤（pópó 婆婆）：白色。

〔七〕燁（yè 業）：明亮，火盛，光輝燦爛。藪（fū 夫）：花的通名。

第一煮水沸，而棄①其沫，之上有水膜，如黑雲母〔一〕，飲之則其味不正。其第一者爲雋永，徐縣、全縣二反。至美者曰②雋永。雋，味也；永，長也。味③長曰雋永。漢書：蒯通著雋永二十篇也〔二〕。或留熟盂④以貯之〔三〕，以備育華救沸之用。諸第一與第二、第三盌次之⑤。第四、第五盌外，非渴甚莫之飲。凡煮水一升，酌分五盌〔四〕。盌數少至三，多至五。若人多至十，加兩爐。乘熱連飲之，以重濁凝其下，精英浮其上。如冷，則精英隨氣而竭，飲啜不消亦然矣。

【校記】

① 而棄：涵芬樓本作“突”。

② 曰：原作“西”，今據竟陵本改。

③ 味：原作“史”，諸本悉同，於義欠通。此爲上二句結語，依其句式當作“味”字，“史”乃“味”之殘，因改。

④ 盂：原脱，諸本悉同，“熟盂”爲貯熱水之專門器具，據補。

⑤ 次之：涵芬樓本作“次第之”。

【注釋】

〔一〕黑雲母：雲母爲一種礦物結晶體，片狀，薄而脆，有光澤。因所含礦物元素不同而有多種顏色，黑雲母是其中的一種。

〔二〕蒯通著雋永二十篇也：語出漢書卷四五蒯通傳，文曰：“(蒯)通論戰國時説士權變，亦自序其説，凡八十一首，號曰雋永。”此處所引“二十篇”當有誤。

〔三〕或留熟盂以貯之：將第一沸撇掉黑雲母的水留一份在熟盂中待用。

〔四〕酌分五盌：唐代一升約爲今 600 毫升，則一盌茶之量約爲 120 毫升。

茶性儉，不宜廣，廣[①]則其味黯澹。且如一滿盌，啜半而味寡，況其廣乎！其色緗〔一〕也。其馨𣚚[2]也。香至美曰𣚚，𣚚音使。其味甘，檟也；不甘而苦，荈也；啜苦咽甘，茶也。本草[3]云：其味苦而不甘，檟也；甘而不苦，荈也。

【校記】

① 廣：原脱，今據王圻稗史彙編本補。

② 𣚚：陶氏本作"𩡛"。下同。

③ 本草：原作"一本"，今據竹素園本改。

【注釋】

〔一〕緗（xiāng 湘）：淺黄色。漢劉熙釋名卷四釋綵帛："緗，桑也，如桑葉初生之色也。"

六 之 飲

翼而飛〔一〕，毛而走〔二〕，呿[①]而言〔三〕。此三者俱生於天地間，飲啄〔四〕以活，飲之時義遠矣哉！至若救渴，飲之以漿；蠲憂忿，飲之以酒；蕩昏寐，飲之以茶。

茶之爲飲，發乎神農氏〔五〕，聞[②]於魯周公。齊有晏嬰〔六〕，漢有揚雄、司馬相如〔七〕，吴有韋曜〔八〕，晉有劉琨、張載、遠祖納、謝安、左思之徒〔九〕，皆飲焉。滂時浸俗〔一〇〕，盛於國朝〔一一〕，兩都并荆渝[③]間〔一二〕，以爲比屋之飲〔一三〕。

【校記】

① 呿：原作“去”，今據竟陵本改。

② 聞：原作“間”，今據竟陵本改。

③ 渝：原作“俞”，今據照曠閣本改。按竟陵本以下諸本皆有注曰：“俞當作渝，巴渝也。”

【注釋】

〔一〕翼而飛：有翅膀能飛的禽類。

〔二〕毛而走：身被皮毛善於奔走的獸類。

〔三〕呿而言：指張口會説話的人類。呿（qū 區），張口狀，集韻卷三："啓口謂之呿。"

〔四〕啄（zhuó 濁）：鳥用嘴取食。飲啄：飲水啄食。

〔五〕神農氏：又稱炎帝。傳説中的三皇之一，姜姓。因以火德王，故稱炎帝；相傳以火名官，作耒耜，教人耕種，故又號神農氏。

〔六〕晏嬰（？—前500）：春秋時齊國大夫，字平仲，春秋時齊國夷維（今山東高密）人，繼承父（桓子）職爲齊卿，後相齊景公，以節儉力行，善於辭令，名顯諸侯。史記卷六二有傳。

〔七〕司馬相如（？—前118）：字長卿，成都（今屬四川）人。官至孝文園令，作有凡將篇等。史記卷一一七、漢書卷五七皆有傳。

〔八〕韋曜（220—280）：本名韋昭，字弘嗣，晉陳壽著三國志時避司馬昭名諱改其名。三國吴人，官至太傅，後爲孫晧所殺。三國志卷六五有傳。

〔九〕劉琨（271—318）：字越石，中山魏昌（今河北無極）人。西晉時任并州刺史，拜平北大將軍，都督并、幽、冀三州諸軍事，死後追封爲司空。今傳劉中山集輯本一卷，晉書卷六二有傳。

張載：字孟陽，安平（今河北深縣）人，官至中書侍郎，與弟協、亢俱以文學名，時稱"三張"。晉書卷五五有傳。

遠祖納：即陸納（320？—395），字祖言，吴郡吴（今江蘇蘇州）人。官至尚書令，拜衛將軍。晉書卷七七有傳。中唐以前，門閥觀念與譜牒制度仍較强烈，陸羽因與陸納同姓，故稱之爲遠祖。高祖、曾祖以上的祖先稱爲遠祖。

謝安（320—385）：字安石，陳郡陽夏（今河南太康）人。官至太保、大都督，因領導淝水之戰有功，死後追封爲廬陵郡公。晉書卷七七有傳。

左思（約 250—305）：字太沖，齊國臨淄（今山東淄博）人。西晉文學家，著有三都賦、嬌女詩等。晉武帝時始任秘書郎，齊王冏命爲記室督，辭疾不就。晉書卷九二有傳。

〔一〇〕滂時浸俗：影響滲透成爲社會風氣。滂，水勢盛大浸湧，引申爲浸潤的意思。浸，漸漬、浸淫的意思，漢書成帝紀："浸以成俗。"

〔一一〕國朝：指陸羽自己所處的唐朝。

〔一二〕兩都：指唐朝的西京長安（今陝西西安），東都洛陽（今屬河南）。荆：荆州，江陵府，天寶間一度爲江陵郡，是唐代的大都市之一，也是最大的茶市之一。渝：渝州，天寶間稱南平郡，治巴縣（今重慶）。唐代荆渝間諸州縣多産茶。

〔一三〕比屋之飲：家家户户都飲茶。比，通"毗"，毗連。

飲有觕茶、散茶、末茶、餅①茶者，乃斫、乃熬、乃煬、乃舂〔一〕，貯於瓶缶之中，以湯沃焉，謂之痷茶〔二〕。或用[2]葱、薑、棗、橘皮、茱萸〔三〕、薄荷[3]之等，煮之百沸，或揚令滑，或煮去沫。斯溝渠間棄水耳，而習俗不已。

【校記】

① 餠：喻政茶書本作“飲”。

② 或用：涵芬樓本作“或有用”。

③ 荷：原作“蔄”，今據四庫本改。

【注釋】

〔一〕乃斫、乃熬、乃煬、乃舂：斫，伐枝取葉；熬，蒸茶；煬，焙茶使乾，説文：“煬，炙燥也”；舂，碾磨茶粉。

〔二〕“貯於瓶缶”三句：將磨好的茶粉放在瓶罐之類的容器裏，用開水澆下去，稱之爲泡茶。痷（ān 安）：茶經所用泡茶術語，指以水浸泡茶葉之意。集韻卷四：“痷，泛意。”缶（fǒu 否），一種大腹緊口的瓦器。

〔三〕茱萸：落葉喬木或半喬木，有山茱萸、吴茱萸、食茱萸三種，果實紅色，有香氣，入藥，古人常取它的果實或葉子作烹調作料。

於戲！天育萬物，皆有至妙。人之所工，但獵淺易。所庇者屋，屋精極；所著者衣，衣精極；所飽者飲食，食與酒皆精極之[1]。茶[2]有九難：一曰造，二曰別，三曰器，四曰火，五曰水，六曰炙，七曰末，八曰煮，九曰飲。陰採夜[3]焙，非造也；嚼味嗅香，非別也；羶鼎腥甌，非器也；膏薪庖炭，非火也；飛湍壅潦，非水也；外熟内生，非炙也；碧粉縹塵，非末也；操艱攪遽，非煮也；夏興冬廢，非飲也。

夫珍鮮馥烈者〔一〕，其盌數三；次之者，盌數五〔二〕。若坐客數至五，行三盌；至七，行五盌〔三〕；若六人已下〔四〕，不約盌數，但闕一人而已，其雋永補所闕人。

【校記】

① 之：儀鴻堂本作“凡”字接下句。

② 茶：西塔寺本作“凡茶”。

③ 夜：儀鴻堂本作“陽”。

【注釋】

〔一〕珍鮮馥烈者：香高味美的好茶。

〔二〕“其盌數三”三句：這裏與前文五之煮的相關文字呼應：“諸第一與第二、第三盌次之。第四、第五盌外，非渴甚莫之飲。”“盌數少至三，多至五。”

〔三〕“若坐客”五句：若有五位客人喝茶，煮三碗的量，酌分五碗；若有七位客人喝茶，煮五碗的量，酌分七碗。

〔四〕若六人以下：此處“六”疑可能爲“十”之誤，因前文五之煮有小注曰“盌數少至三，多至五。若人多至十，加兩爐”，則此處所言之數當爲七人以上十人以下。按：茶經所言行茶碗數不甚明瞭，研究者或疑此處有脱文。

七之事

三[①]皇　炎帝神農氏

周　魯周公旦，齊相晏嬰

漢　仙人丹丘子，黄山君〔一〕，司馬文園令相如，揚執戟雄

吴　歸命侯〔二〕，韋太傅弘嗣

晉　惠帝〔三〕，劉司空琨，琨兄子兖州刺史演〔四〕，張黄門孟陽〔五〕，傅司隸咸〔六〕，江洗馬統[②]〔七〕，孫參軍楚〔八〕，左記室太沖，陸吴興納，納兄子會稽内史俶，謝冠軍安石，郭弘農璞，桓揚州温〔九〕，杜舍人育[③]，武康小山寺釋法瑶〔一〇〕，沛國夏侯愷〔一一〕，餘姚虞洪〔一二〕，北地傅巽〔一三〕，丹陽弘君舉〔一四〕，樂安任育長[④]〔一五〕，宣城秦精〔一六〕，燉煌單道開〔一七〕，剡縣陳務妻〔一八〕，廣陵老姥〔一九〕，河内山謙之〔二〇〕

後魏〔二一〕　瑯琊王肅〔二二〕

宋〔二三〕　新安王子鸞〔二四〕，鸞兄豫章王子尚[⑤]，鮑昭[⑥]妹令暉〔二五〕，八公山沙門曇[⑦]濟〔二六〕

齊〔二七〕　世祖武帝〔二八〕

梁〔二九〕　劉廷尉〔三〇〕，陶先生弘景〔三一〕

皇朝　徐英公勣〔三二〕

【校記】

① 三：原作“王”，今據竟陵本改。

② 統：原作“充”，今據晉書卷五六江統傳改。

③ 育：原作“毓”，今據晉書所記名“杜育”改。

④ 樂安任育長：“樂安”，原脱“樂”字，今據竹素園本補。“育長”，原脱“長”字，今據竟陵本補。竟陵本注曰“育長，任瞻字，元本遺長字，今增之”。儀鴻堂本、西塔寺本作“瞻”，儀鴻堂本注曰：“瞻字育長。諸舊刻有作育者，有作育長者，然經文悉注名，周公尚然。考古本是瞻，今從之。”

⑤ 鸞兄豫章王子尚：“兄”，原作“弟”，按：劉子鸞是南朝劉宋孝武帝第八子，劉子尚是第二子。子鸞在孝武帝諸子中最受寵，茶經此處先言弟後言兄，當是所言以貴。

⑥ 鮑昭：即鮑照，茶經避唐諱改。下同。

⑦ 曇：原作“譚”，據下文“詣曇濟道人於八公山”句改。

【注釋】

〔一〕黄山君：漢代仙人。

〔二〕吴歸命侯：孫晧（242—283），三國時吴國的末代皇帝，字元仲，公元 264—280 年在位，於 280 年降晉，被封爲歸命侯。三國志卷四八有傳。

〔三〕晉惠帝：司馬衷，是西晉的第二代皇帝，公元290—306年在位，性癡呆，其皇后賈后專權，在位時有八王之亂。晉書卷四有傳。

〔四〕劉演：字始仁，劉琨侄。西晉末，北方大亂，劉琨表奏其任兖州刺史，東晉時官至都督、後將軍。晉書卷六二有傳。

〔五〕張載：字孟陽，晉書卷五五有傳。按，載曾任中書侍郎，非黄門侍郎（其弟張協任過此職），茶經此處當有誤記。

〔六〕傅咸（239—294）：字長虞，北地泥陽（今陝西耀縣）人，西晉哲學家、文學家傅玄之子，仕於晉武帝、惠帝，歷官尚書左、右丞，以議郎長兼司隸校尉等。晉書卷四七有傳。

〔七〕江統（？—310）：字應元，陳留圉縣（今河南杞縣南）人。晉武帝時，爲山陽令，遷中郎，轉太子洗馬，在東宫多年，後遷任黄門侍郎、散騎常侍、國子博士。晉書卷五六有傳。

〔八〕孫楚（約218—293）：字子荆，太原中都（今山西平遥）人。晉惠帝初，爲馮翊太守。晉書卷五六有傳。

〔九〕桓温（312—373）：譙國龍亢（今安徽懷遠）人，字元子，明帝婿。官至大司馬，曾任荆州刺史、揚州牧等。晉書卷九八有傳。

〔一〇〕武康：今浙江湖州德清。釋法瑶：東晉至南朝宋齊間著名涅槃師，慧净弟子。初住吴興武康小山寺，後應請入建康，著有涅槃、法華、大品、勝鬘等經及百論的疏釋。

〔一一〕沛國夏侯愷：沛國，在今江蘇省沛縣、豐縣一帶。夏侯愷，字萬仁，事見搜神記卷一六。

〔一二〕餘姚：今屬浙江餘姚。虞洪：神異記中人物。

〔一三〕北地：在今陝西省耀縣一帶。傅巽：傅咸的從祖父。

〔一四〕丹陽：今屬江蘇。弘君舉：清嚴可均輯全上古三代秦漢三國六朝文之全晉文卷一三八録存其文，並言“隋志注：梁有驍騎將軍弘戎集十六卷，疑即此。”

〔一五〕樂安：今山東鄒平。任育長：任瞻，晉人。余嘉錫世説新語箋疏下卷下紕漏第三十四引晉百官名曰：“任瞻字育長，樂安人。父琨，少府卿。瞻歷謁者僕射、都尉、天門太守。”

〔一六〕宣城：今屬安徽。秦精：續搜神記中人物。

〔一七〕燉煌：今甘肅敦煌，唐時寫作燉煌。單道開：東晉穆帝時人，著名道人，西晉末入内地，後在趙都城（今河北魏縣）居住甚久，後南游，經東晉建業（今江蘇南京），又至廣東羅浮山（今惠州北）隱居卒。晉書卷九五有傳。

〔一八〕剡縣：今浙江嵊州。陳務妻：異苑中的人物。

〔一九〕廣陵：在今江蘇揚州。老姥：廣陵耆老傳中的人物。

〔二〇〕河内山謙之（420—470）：南朝宋時河内郡（治所在今河南沁陽）人，著有吴興記等。

〔二一〕後魏：指北朝的北魏（386—534），鮮卑拓拔珪所建，原建都平城（今山西大同），孝文帝拓拔宏遷都洛陽，並改姓"元"。

〔二二〕瑯琊王肅（464—501）：字恭懿，初仕南齊，後因父兄爲齊武帝所殺，乃奔北魏，受到魏孝文帝器重禮遇，爲魏制定朝儀禮樂，魏書卷六三有傳。瑯琊在今山東臨沂一帶。

〔二三〕宋：即南朝宋（420—479），劉裕推翻東晉建，都建康（今江蘇南京）。

〔二四〕宋新安王子鸞：南朝宋孝武帝第八子，子尚是第二子，當子尚爲兄，茶經此處原記有誤。事見宋書卷八〇。

〔二五〕鮑昭妹令暉：鮑昭即鮑照，南朝宋著名詩人，其妹令暉亦是一位優秀詩人，鍾嶸在其詩品中對她有很高的評價，玉臺新詠載其"著香茗賦集行於世"，該集已佚。鮑照一説東海（今山東蒼山）人，一説上黨人，據曹道衡關於鮑照的家世和籍貫（載文史第七輯）考證，當爲東晉僑置於江蘇鎮江一帶的東海郡人，曾爲臨海王前軍參軍，世稱鮑參軍。

〔二六〕八公山沙門曇濟：曇濟，南朝宋著名成實論師，著有六家七宗論，事見高僧傳卷七，名僧傳抄中有傳。八公山在今安徽淮南。沙門，佛家指出家修行的人。道人，當時稱和尚爲道人。

〔二七〕齊：蕭道成推翻南朝劉宋政權所建的南朝齊（479—502），都建康（今江蘇南京）。

〔二八〕世祖武帝：南朝齊國第二代皇帝蕭賾，482—493年在位，崇信佛教，提倡節儉，事見南齊書卷三武帝紀。

〔二九〕梁：蕭衍推翻南朝齊所建立的南朝梁（502—557），都建康（今江蘇南京）。

〔三〇〕劉廷尉：即劉孝綽（481—539），原名冉，小字阿士，彭城（今江蘇徐州）人，廷尉是其官名。梁書卷三三有傳。

〔三一〕陶弘景（456—536）：南朝齊梁時期道教思想家、醫學家，字通明，丹陽秣陵（今江蘇江寧縣南）人，仕於齊，入梁後隱居於句容句曲山，自號“華陽隱居”。梁武帝每逢大事就入山就教於他，人稱山中宰相。死後謚貞白先生。著有神農本草經集注、肘後百一方等。南史卷七六、梁書卷五一有傳。

〔三二〕徐勣：即李勣（594—669），唐初名將，本姓徐，名世勣，字懋功，曾任兵部尚書，拜司空、上柱國，封英國公。唐高祖李淵賜姓李，高宗永徽時避李世民諱改爲單名勣。舊唐書卷六七、新唐書卷九三有傳。

神農食經〔一〕："茶茗久服，令人有力、悦志。"

周公爾雅："檟，苦荼[①]。"廣雅〔二〕云："荆、巴間採葉[②]作餅，葉老者，餅成[③]，以米膏出之。欲煮茗飲，先炙令赤色[④]，搗末置瓷器中，以湯澆覆之，用葱、薑、橘子芼〔三〕之。其飲醒酒，令人不眠。"

晏子春秋〔四〕："嬰相齊景公時，食脱粟之飯，炙三弋[⑤]、五卯〔五〕，茗菜[⑥]〔六〕而已。"

【校記】

① 荼：原作"茶"，今據長編本改。

② 葉：太平御覽卷八六七作"茶"。

③ 葉老者，餅成：太平御覽卷八六七作"成"。

④ 欲煮茗飲，先炙令赤色：太平御覽卷八六七作"若飲先炙，令色赤"。

⑤ 弋：原作"戈"，今據太平御覽卷八六七改。

⑥ 茗：晏子春秋作"苔"。菜：原作"萊"，今據喻政茶書本改。

【注釋】

〔一〕神農食經：傳説爲炎帝神農所撰，實爲西漢儒生託名神農氏所作，早已失傳，歷代史書藝文志均未見記載。

樊志民中國古代北方飲食文化特色研究（載農業考古2004年第1期）稱漢書藝文志録有神農食經七卷，不知何據。按：漢書卷三十藝文志載有神農黄帝食禁七卷一種，著者稱其爲“經方”，非食經。

〔二〕廣雅：三國魏張揖所撰，原三卷，隋代曹憲作音釋，始分爲十卷，體例内容根據爾雅而博采漢代經書箋注及方言、説文等字書增廣補充而成。隋代爲避煬帝楊廣名諱，改名爲博雅，後二名並用。

〔三〕芼（mào 帽）：拌和。

〔四〕晏子春秋：舊題春秋晏嬰撰，所述皆嬰遺事，宋王堯臣等崇文總目卷五認爲當爲後人摭集而成。今凡八卷。茶經所引内容見其卷六内篇雜下第六，文稍異。

〔五〕三弋、五卯：弋，禽類，卯，禽蛋。三、五爲虚數詞，幾樣。

〔六〕茗菜：一般認爲晏嬰當時所食爲苔菜而非茗飲。苔菜又稱紫堇、蜀芹、楚葵，是古時常吃的蔬菜。

司馬相如凡將篇〔一〕：“烏喙、桔梗、芫華、款冬[①]、貝母、木蘗、蔞[②]、芩草、芍藥、桂、漏蘆、蜚廉、雚菌[③]、荈詫、白斂[④]、白芷、菖蒲、芒消[⑤]、莞椒、茱萸。”〔二〕

方言[⑥]〔三〕：“蜀西南人謂茶曰蔎[⑦]。”

吴志韋曜傳：“孫皓每饗宴[⑧]，坐席無不率以七勝〔四〕爲限⑨，雖不盡入口，皆澆灌取盡。曜飲酒不過二升。皓初禮異，密賜茶荈以代酒。”⑩

【校記】

① 冬：欣賞本作“東”。

② 蔓：大觀本作“蔓”。

③ 菌：儀鴻堂本作“茵”。

④ 斂：喻政茶書本作“蘞”。

⑤ 消：竟陵本作“硝”。

⑥ 方言：喻政茶書本作“揚雄方言”，秋水齋本作“楊雄”。

⑦ 菝：原作“葮”，今據竟陵本改。

⑧ 孫皓每饗宴：說薈本於此句後多“無不竟日”四字。

⑨ 無不：說薈本作“無能否”。勝：照曠閣本作“升”。

⑩ 吴志韋曜傳引文見三國志卷六十五。陸羽所引，與今本有多字不同，今録如下：“皓每饗宴，無不竟日，坐席無能否，率以七升爲限，雖不悉入口，皆澆灌取盡。曜素飲酒不過二升，初見禮異時，常爲裁減，或密賜茶荈以當酒。”

【注釋】

〔一〕凡將篇：漢司馬相如撰，約成書於公元前 130

年，綴輯古字爲詞語而没有音義訓釋，取開頭“凡將”二字爲篇名，説文常引其説，已佚，現有清任大椿小學鈎沈、馬國翰玉函山房輯佚書本。四庫全書總目説：“（茶經）七之事所引多古書，如司馬相如凡將篇一條三十八字，爲他書所無，亦旁資考辨之一端矣。”

〔二〕烏喙：又名烏頭，毛茛科附子屬。味辛、甘，温，大熱，有大毒。主中風惡風等。

桔梗：桔梗科桔梗屬。味辛、苦，微温，有小毒。主胸脅痛如刀刺……驚恐悸氣，利五臟腸胃，補血氣，除寒熱風痹，温中消穀等。

芫華：又作芫花，瑞香科瑞香屬。味辛、苦，温，大熱，有小毒。主逆咳上氣。

款冬：菊科款冬屬。味辛、甘，温，無毒。主逆咳上氣善喘。

貝母：百合科貝母屬。味辛、苦，平，微寒，無毒。主傷寒煩熱、淋瀝邪氣、疝瘕、喉痹乳難、金瘡風痙。

木蘖（niè 涅）：即黄蘖，芸香科黄蘖屬。落葉喬木，莖可製黄色染料，樹皮入藥。一般用於清下焦濕熱，瀉火解毒，黄疸腸痔，漏下赤白，殺蛀蟲，爲降火與治瘻要藥。

蔞：即蔞菜，胡椒科土蔞藤屬。蔓生有節，味辛而香。

芩草：禾本科蘆葦屬。吴陸璣陸氏詩疏廣要卷上之上：“芩草，莖如釵股，葉如竹，蔓生，澤中下地鹹處，爲草真實，牛馬皆喜食之。”

芍藥：毛茛科。味苦、辛，平，微寒，有小毒。主邪氣腹痛、除血痹。

桂：唐新修本草木部上品卷第十二言其“味甘、辛，大熱，有毒。主温中，利肝肺氣，心腹寒熱冷疾，霍亂轉筋，頭痛，腰痛，出汗，止煩，止唾，咳嗽，鼻齆。能墮胎，堅骨節，通血脈，理踈不足，宣導百藥，無所畏。久服神仙不老。生桂楊，二月、七八月、十月採皮，陰乾。”

漏蘆：菊科漏蘆屬。味苦，寒，無毒。主皮膚熱，下乳汁等。

蜚廉：菊科飛廉屬。味苦，平，無毒。主骨節熱。

藋菌：味鹹、甘，平，微温，有小毒。主治心痛，温中，去長蟲……去蛔蟲、寸白、惡瘡。一名藋蘆。生東海池澤及渤海章武。八月採，陰乾。

荈詫：雙音疊詞，分別代表茶名。“荈”字詳一之源注。“詫”字在古代有多種音義，説文，“詫，奠爵酒也。從宀，托聲。”作爲用酒杯盛酒敬奉神靈解。詫，與茶音近。集韻、韻會等：“詫，醜亞切，茶去聲。”

白斂：亦作白蘞，葡萄科葡萄屬。有解熱、解毒、鎮痛功能。

白芷：傘形科鹹草屬。神農本草經卷八草中品之下言其“味辛，温。主治女人漏下赤白，血閉，陰腫，寒熱，風頭，侵目淚出，長肌膚潤澤，可作面脂。一名芳香。生川谷。”

菖蒲：天南星科白菖屬。有特種香氣，根莖入藥，可以健胃。

芒消：即芒硝，樸硝加水熬煮後結成的白色結晶體即芒硝。消是“硝”的通假字。芒消（今作硭硝）成分是硫酸鈉，白色結晶，醫藥上用作瀉劑。唐新修本草玉石等部上品卷第三言其：“味辛、苦，大寒。主五臟積聚，久熱胃閉，除邪氣，破留血，腹中痰實結，通經脈，利大小便及月水，破五淋，推陳致新。生於樸消。”

莞椒：吴覺農認爲恐爲華椒之誤，華椒即秦椒，芸香科秦椒屬，可供藥用。

〔三〕方言：輶軒使者絶代語釋别國方言的簡稱，漢揚雄撰。按，此處所引並不見於今本方言。

〔四〕勝：“升”的通假字，容量單位。

晉中興書〔一〕：“陸納爲吴興太守時，衛將軍謝安常欲詣納。晉書云[①]：納爲吏部尚書〔二〕。納兄子俶[②]恠納無所備，不敢問之，乃私蓄十數人[③]饌。安既至，所設唯茶果而已。俶遂陳盛饌，珍羞必[④]具。及安去[⑤]，納杖俶四十，云：‘汝既不能光益叔父，柰何穢吾素業？’”

晉書：“桓温爲揚州牧，性儉，每讌飲，唯下七奠拌[⑥]茶果而已。”〔三〕

【校記】

① 云：秋水齋本作"以"。

② 納兄子俶：儀鴻堂本於此注曰："會稽内使。"

③ 十數人：竟陵本作"數十人"，説薈本作"十人"，西塔寺本作"數十"。

④ 必：儀鴻堂本作"畢"。

⑤ 及安去：西塔寺本作"安既去"。

⑥ 拌：喻政茶書本作"柈"。

【注釋】

〔一〕晉中興書：原爲八十卷，今存清黄奭輯本一卷。舊題爲何法盛撰。據李延壽南史徐廣傳附郤紹傳所載，本是郤紹所著，寫成後原稿被何法盛竊去，就以何的名義行於世。

〔二〕晉書云納爲吏部尚書：唐以前有十餘種私人撰寫的晉代史書，唐太宗命房玄齡等重修，是爲官修本晉書。據卷七十七陸納傳載："納字祖言，少有清操，貞厲絶俗……（簡文帝時）出爲吴興太守……（孝武帝時）遷太常，徙吏部尚書，加奉車都尉、衛將軍。謝安嘗欲詣納，而納殊無供辦。"按，陸納任吴興太守是372年，遷吏部尚書在375年或稍後，此時謝安才去拜訪，地點在京城建業，不是吴興。謝安當時是後將軍軍銜（比陸納衛將軍軍銜低），到383年才拜衛將軍。這些都與晉中興書不同。

〔三〕下：擺出。奠（dìng定）：同"飣"，用指盛貯食物盤碗數目的量詞。拌：通“盤”。按，此事見晉書卷九八桓温傳，文略異。

搜神記〔一〕：“夏侯愷因疾死。宗人字苟奴察見鬼神①。見愷來收②馬，并病其妻。著③平上幘〔二〕，單衣，入坐生時西壁大床，就人覓茶飲。”

劉琨與兄子南兖州〔三〕刺史演書云：“前得安州〔四〕乾薑一斤，桂一斤，黄芩④一斤，皆所須也。吾體中憒悶⑤，常仰真⑥茶，汝可置⑦之。”⑧

【校記】

① 苟：涵芬樓本作“狗”；察：涵芬樓本作“密”。

② 收：西塔寺本作“取”。

③ 著：涵芬樓本作“見着”。

④ 芩：喻政茶書本作“花”。

⑤ 吾：唐代叢書本作“曰”。憒：原作“潰”，今據長編本改。竟陵本有注云：“潰當作憒。”

⑥ 真：竟陵本作“其”。

⑦ 置：唐代叢書本作“信致”，涵芬樓本作“致”。

⑧ 本條北堂書鈔卷一四四引作：“前得安州乾茶二斤，薑一斤，桂一斤，吾體中煩悶，恒假真茶，汝可致之。”太平御覽卷八六七引作“前得安州乾茶二斤，薑一斤，桂一斤，皆所須也。吾體中煩悶，恒假貪茶，汝可信信致之。”

【注釋】

〔一〕搜神記：晉干寶撰，計二十卷，本條見其書卷十六，文稍異。寶字令升，新蔡（在今河南）人。生卒年未詳。少勤學，以才器爲佐著作郎，求補山陰令，遷始安太守。王導請爲司徒右長史，遷散騎常侍。按，王導是在太寧三年（325）成帝即位時任司徒、録尚書事，則干寶是東晉初期人。搜神記至南宋時已失傳，今本爲後人綴輯而成，多有附益，已非原貌。魯迅中國小説史略説："該書於神祇靈異人物變化之外，頗言神仙五行，亦偶有釋氏説。"

〔二〕平上幘：古時規定武官戴的平頂巾帽，有一定的款式。

〔三〕南兖州：據晉書地理志下載："東晉元帝僑置兖州，寄居京口。明帝以郗鑒爲刺史，寄居廣陵。置濮陽、濟陰、高平、泰山等郡。後改爲南兖州，或還江南，或居盱眙，或居山陽。"因在山東、河南的原兖州已被石勒佔領，東晉於是在南方僑置南兖州，（同時僑置的有多處。）安插北方南逃的官員和百姓。晉書所載劉演事迹較簡略，只記載任兖州刺史，駐廩丘。劉琨在東晉建立的第二年（318）於幽州被段匹磾所害，這兩年劉演尚在北方；"南"字似爲後人所加，前面目録也無此字，存疑。

〔四〕安州：晉代的州是第一級大行政區，統轄許多郡、國（第二級行政區），没有安州。晉至隋時只有安陸郡，到唐代才改稱安州，在今湖北安陸縣一帶。這一段文字，恐非劉琨原文，後人有所更動。

傅咸司隸教〔一〕曰："聞南市有蜀嫗作茶粥〔二〕賣①，爲廉事②〔三〕打破其器具，後③又賣餅於市。而禁茶粥以困④蜀姥，何哉？"⑤

神異記〔四〕："餘姚人虞洪入山採茗，遇一道士，牽三青牛，引洪至瀑布山曰：'吾⑥，丹丘子也。聞子善具飲，常思見惠。山中有大茗，可以相給。祈子他日有甌犧之餘，乞⑦相遺也。'因立⑧奠祀，後常令家人入山，獲大茗焉。"

【校記】

① 南市：原作"南方"，今據北堂書鈔卷一四四、太平御覽卷八六七改。按：南市指洛陽的南市。有蜀嫗：原作"有以困蜀嫗"，今據北堂書鈔卷一四四、太平御覽卷八六七改。

② 廉事：四庫本作"群吏"。廉：原作"簾"，今據北堂書鈔卷一四四、太平御覽卷八六七改。

③ 後：原本空一格，今據秋水齋本補。四庫本作"嗣"，西塔寺本作"其"。

④ 困：原脱，今據長編本補。

⑤ 清嚴可均全上古三代秦漢三國六朝文收録有傅咸司隸校尉教，文字與本處稍有不同："聞南市有蜀嫗作茶粥賣

之，廉事毁其器物，使無爲。賣餅于市。而禁茶粥以困老姥，獨何哉？”

⑥ 吾：原本殘存上半“工”字，今據日本本改。按：華氏本描爲“工”，而竟陵本則寫作“予”。

⑦ 乞：西塔寺本作“迄”。

⑧ 立：欣賞本作“其”，説薈本作“具”。

【注釋】

〔一〕司隸教：司隸校尉的指令。司隸校尉，職掌律令、舉察京師百官。教，古時上級對下級的一種文書名稱，猶如近代的指令。

〔二〕茶粥：又稱茗粥、茗糜。把茶葉與米粟、高粱、麥子、豆類、芝麻、紅棗等合煮的羹湯。如唐王維贈吴官詩：“長安客舍熱如煮，無箇茗糜難禦暑。”（全唐詩卷一二五）儲光羲喫茗粥作詩：“淹留膳茶粥，共我飯蕨薇。”（全唐詩卷一三六）

〔三〕廉事：不詳，當爲某級官吏。

〔四〕神異記：太平御覽卷八六七引作王浮神異記。按，王浮，西晉惠帝時人。

左思嬌女詩〔一〕：“吾家有嬌女，皎皎頗白皙①。小字〔二〕爲紈素，口齒自清歷。有姊字惠芳②，眉目粲③如畫。馳騖翔園林，果下皆生摘。貪華風雨中，倏忽數百適。心爲茶荈劇，吹嘘對鼎鑑〔三〕。”

【校記】

① 頗：喻政茶書本作“可”。白：原本漫漶，後人描爲“曰”，今據日本本作“白”。

② 姊：涵芬樓本作“妹”。字：儀鴻堂本作“自”。惠：西塔寺本作“蕙”。

③ 粲：名書本作“燦”。

【注釋】

〔一〕左思嬌女詩：是詩描寫兩個小女兒天真頑皮的形象。據玉臺新詠所載，原詩共五十六句，本書所引僅十二句，且陸羽不是摘録某一段落，而是將前後詩句進行拼合，個别字與前引書不同。

〔二〕小字：一般作乳名解，但這裏是指小的那個女兒名字叫紈素，與下面“其姊字蕙芳”是對稱的。

〔三〕“心爲茶荈”二句：因爲急於要烹好茶茗來喝，於是對著鍋鼎吹火。

張孟陽登成都樓〔一〕詩云：“借問揚子舍①，想見長卿廬〔二〕。程卓②累千金〔三〕，驕侈擬五侯③〔四〕。門有連騎客，翠帶腰吴鈎④〔五〕。鼎食隨時進，百和妙且殊〔六〕。披林採秋橘⑤，臨江釣春魚，黑子過⑥龍醢〔七〕，果饌踰蟹蝑〔八〕。芳茶冠六清⑦〔九〕，溢味播九區〔一〇〕。人生苟安樂，兹土聊可娱。”

【校記】

① 揚子舍：“揚”，原作“楊”，今據長編本改。説薈本作“陽”。按：揚子指揚雄。

② 卓：欣賞本作“十”。

③ 侯：欣賞本作“都”。

④ 鈎：欣賞本作“彄”。

⑤ 橘：西塔寺本作“菊”。

⑥ 過：西塔寺本作“遇”。

⑦ 六清：原作“六情”，今據太平御覽卷八六七改。

【注釋】

〔一〕張孟陽登成都樓：藝文類聚卷二八引作張載登成都白菟樓。晉書張載傳：張載父張收任蜀郡（治成都）太守，載於太康初（280）至蜀探親，一般認爲詩作於此時。原詩三十二句，陸羽僅摘録後面的一半。白菟樓又名張儀樓，即成都城西南門城樓，樓很高大。唐李吉甫元和郡縣圖志卷三一載：“城西南，樓百有餘尺，名張儀樓，臨山瞰江，蜀中近望之佳處也。”

〔二〕“借問”二句：揚子，對揚雄的敬稱。長卿，司馬相如表字。揚雄和司馬相如都是成都人。揚雄的草玄堂，相如晚年因病不做官時住的廬舍，都在白菟樓外不遠處（大清一統志卷二九二）。兩人都是西漢著名的辭賦家，詩文點出成都地方歷代人物輩出。

〔三〕程卓：程卓指漢代程鄭和卓王孫兩大富豪之家。累千金：形容積累的財富多。漢代程鄭和卓王孫兩家遷徙蜀郡臨邛以後，因爲開礦鑄造，非常富有。史記貨殖列傳説卓氏之富"傾動滇蜀"，程氏則"富埒卓氏"。

〔四〕驕侈擬五侯：説程、卓兩家的富麗奢侈，比得上王侯。五侯：指五侯九伯之五侯，即公、侯、伯、子、男五等爵，亦指同時封侯五人。東漢梁冀因爲是順帝的内戚，他的兒子和叔父五人都封爲侯爵，專權驕横達二十年，都過著窮奢極侈的生活。一説指東漢桓帝封宦官單超、徐璜等五人爲侯，"五人同日封，世謂之五侯。自是權歸宦官，朝政日亂矣。"（見後漢書宦者傳）。後以泛稱權貴之家爲五侯家。韓翃寒食日即事詩曰："日暮漢宫傳蠟燭，青煙散入五侯家。"（宋蒲積中古今歲時雜詠卷一一）。

〔五〕"門有"二句：賓客們接連地騎著馬來到，有如車水馬龍。連騎，古時主僕都騎馬稱爲連騎，表明這個人高貴。翠帶，鑲嵌翠玉的皮革腰帶。吴鉤，即吴越之地出産的刀劍，刃稍彎，極鋒利，馳譽全國。鮑照代結客少年行有"驄馬金絡頭，錦帶佩吴鉤"語（鮑明遠集卷三）。

〔六〕"鼎食"二句：鼎食，古時貴族進餐，以鼎盛菜肴，鳴鍾擊鼓奏樂，所謂"鍾鳴鼎食"。時，時節，時新。和，烹調。百和，形容烹調的佳肴多種多樣。殊，不同。

〔七〕黑子過龍醢：黑子，未詳出典，有解作魚子者。醢（hǎi 海），肉醬。龍醢，龍肉醬，古人以爲味極美，則張載是將魚子同龍肉醬比美。

〔八〕蝑（xū 虛）：廣韻：“鹽藏蟹也。”

〔九〕芳茶冠六清：芳香的茶茗超過六種飲料。六清：六種飲料，周禮天官膳夫：“飲用六清”，即水、漿、醴（甜酒）、醇（以水和酒）、醫（酒的一種）、酏（去渣的粥清）。底本及諸校本皆作“六情”。六情，是人類“不學而能”的天生的六種感情，東漢班固白虎通卷下云：“喜、怒、哀、樂、愛、惡，謂六情。”佛經則以眼、耳、鼻、舌、身、意爲六情。以這與芳香的茶茗相比擬都是不妥的。

〔一〇〕九區：即九州，古時分中國爲九州，九州意指全中國。

傅巽七誨：“蒲①桃宛柰〔一〕，齊柿燕栗，峘②陽〔二〕黄梨，巫山朱橘，南中〔三〕茶子，西極石蜜〔四〕。”

弘君舉食檄：“寒温〔五〕既畢，應下霜華之茗〔六〕；三爵〔七〕而終，應下諸蔗、木瓜、元李、楊梅、五味、橄欖、懸豹、葵羹各一杯〔八〕。”

孫楚歌③：“茱萸出芳樹顛，鯉魚出洛水泉。白鹽出河東〔九〕，美豉出魯淵④〔一〇〕。薑、桂、茶荈出巴蜀，椒、橘、木蘭出高山。蓼蘇〔一一〕出溝渠，精⑤稗出中田〔一二〕。”

【校記】

① 蒲：唐代叢書本作“薄”。

② 峘：涵芬樓本作“恒”。

③ 歌：太平御覽卷八六七引作“出歌”。

④ 淵：太平御覽卷八六七引作“川”。

⑤ 精：太平御覽卷八六七引作“秕”。

【注釋】

〔一〕蒲桃、宛柰：這一段都是在食品前冠以產地。蒲，古代有幾個地點，西晉的蒲阪縣，屬河東郡，今山西永濟西。後代簡稱蒲，多指此處。宛，宛縣，爲荆州南陽國首府，今河南南陽。柰（nài 奈）：俗名花紅，亦名沙果。據明李時珍本草綱目卷三〇果部林檎集解：柰與林檎一類二種也，樹實皆似林檎而大。按，花紅、林檎、沙果實一物而異名，果味似蘋果，供生食，從古代大宛國傳來。

〔二〕峘陽：峘字通“恒”，恒陽有二解，一是指恒山山陽地區，一是指恒陽縣，今河北曲陽縣。

〔三〕南中：現今雲南省。三國蜀諸葛亮南征後，置南中四郡，政治中心在雲南曲靖縣，範圍包括今四川宜賓市以南、貴州西部和雲南全省。

〔四〕西極：指西域或天竺。一説是今甘肅張掖一帶，一説泛指今我國新疆及中亞一帶。石蜜，一説是用甘蔗煉糖，成塊者即爲石蜜。一説是蜂蜜的一種，採於石壁或石洞的叫做石蜜。

〔五〕寒温：寒暄，問寒問暖。多泛指賓主見面時談天氣冷暖之類的應酬話。

〔六〕霜華之茗：茶沫白如霜的茶飲。

〔七〕三爵：喝了多杯酒。三，非實數，泛指其多。爵，古代盛酒器，三足兩柱，此處作爲飲酒計量單位。曹植有詩曰："樂飲過三爵，緩帶傾庶羞。"（曹子建集卷六箜篌引）

〔八〕諸蔗：甘蔗。元李：大李子。懸豹：吴覺農以爲或爲"懸瓠"形似之誤。瓠，葫蘆科植物。周靖民以爲似爲"懸鉤"形近之誤。懸鉤，又稱山莓、木莓，薔薇科，莖有刺，子酸美，人多採食。葵羹：綿葵科冬葵，莖葉可煮羹飲。

〔九〕白鹽出河東：河東，晉代郡名，在今山西省西南。境内解州（今山西運城西南）、安邑（今山西運城東北）均産池鹽，解鹽在我國古代既著名又重要。

〔一〇〕魯淵：魯，今山東省西南部。淵，湖澤，魯地多湖澤。

〔一一〕蓼蘇：蓼，説文："辛菜"，一年生或多年生草本植物，生長在水邊，味辛辣，古時常作烹飪佐料。蘇：宋羅願爾雅翼卷七："葉下紫色而氣甚香，今俗呼爲紫蘇。煮飲尤勝。取子研汁煮粥良。長服令人肥白、身香。亦可生食，與魚肉作羹。"

〔一二〕稗：正韻："精米也"。中田：倒裝詞，即田中。

華佗[1]食論〔一〕："苦荼久食，益意思。"

壺居士食忌〔二〕："苦荼久食，羽化〔三〕；與韭同食，令人體重。"

郭璞爾雅注云："樹小似梔子，冬生〔四〕，葉可煮羹飲。今呼早取爲荼[2]，晚取爲茗，或一曰荈，蜀人名之苦荼。"

世説〔五〕："任瞻，字育長，少時有令名〔六〕，自過江失志〔七〕。既下飲[3]，問人云：'此爲茶？爲茗？'覺人有怪色，乃自申[4]明云：'向問飲爲熱爲冷。'"

【校記】

① 佗：欣賞本作"陀"。

② 荼：原作"茶"，今據爾雅郭注改。下文"蜀人名之苦荼"之"荼"同。

③ 下飲：太平御覽卷八六七引作"不飲茗"。

④ 申：原作"分"，今據世説新語紕漏篇改。

【注釋】

〔一〕華佗食論：華佗（約 141—208）：字元化，沛國譙（今安徽亳縣）人。醫術高明，是東漢末年著名的醫家。後漢書卷八二、三國志卷二九有傳。食論：不詳。

〔二〕壺居士食忌：壺居士，又稱壺公，道家人物，説他在空室内懸挂一壺，晚間即跳入壺中，别有天地。食忌已佚，具體情況不詳。本條宋葉廷珪海録碎事卷六所引有所不同："茶久食羽化。不可與韭同食，令耳聾。"

〔三〕羽化：羽化登仙。道家所言修煉成正果後的一種狀態。

〔四〕冬生：茶爲常緑植物，在適當的地理、氣候條件下，冬天仍可萌發芽葉。舊唐書文宗本紀："吴、蜀貢新茶，皆于冬中作法爲之。"

〔五〕世説：南朝宋臨川王劉義慶撰，計八卷，梁劉孝標作注，增爲十卷，見隋書經籍志。後不知何人增加"新語"二字，唐後期王方慶有續世説新書。現存三卷是北宋晏殊所删併。内容主要是拾掇漢末至東晉的士族階層人物的遺聞軼事，尤詳於東晉。這一段載於卷六紕漏第三十四，陸羽有删節。

〔六〕令名：美好的名聲。世説原文前面説任瞻"一時之秀彦"，"童少時，神明可愛"。

〔七〕自過江失志：西晉被劉聰滅亡後，司馬睿在今南京建立東晉王朝，西晉舊臣多由北方渡過長江投靠東晉，任瞻也隨着過江，丞相王敦在石頭城（今江蘇南京市西北）迎接，並擺設茶點歡迎。失志，没有做官。

續搜神記〔一〕："晉武帝〔二〕世①，宣城人秦精，常入武昌山〔三〕採茗。遇一毛人，長丈餘，引精至山下，示以蘗[②]茗而去。俄而復還，乃探懷中橘以遺精。精怖，負茗而歸。”

晉四王起事〔四〕：“惠帝蒙塵還洛陽〔五〕，黄門以瓦盂盛茶上至尊〔六〕。”

【校記】

① 世：原脱，今據太平御覽卷八六七引補。

② 蘗：原作“蘖”，今據太平御覽卷八六七引改。

【注釋】

〔一〕續搜神記：又名搜神後記，據四庫全書總目説：“舊本題晉陶潛撰。明沈士龍跋謂：‘潛卒於元嘉四年，而此有十四、十六兩年事。陶集多不稱年號，以干支代之，而此書題永初、元嘉，其爲僞託。固不待辯。’”魯迅在中國小説史略中也説，陶潛性情豁達，不致著這種書。隋書經籍志已載有此書，當是陶潛以後的南朝人僞託。這一段陸羽有較大的删節。

〔二〕晉武帝：晉開國君主司馬炎（236—290），司馬昭之子。昭死，繼位爲晉王，後魏帝讓位，乃登上帝位，建都洛陽，滅吴，統一中國，在位 26 年。

〔三〕武昌山：宋王象之輿地紀勝卷八一：“武昌山，在本（武昌）縣南百九十里。高百丈，周八十里。舊云，孫權都鄂，易名武昌，取以武而昌，故因名山。土俗編以爲今縣名疑因山以得之。”

〔四〕晉四王起事：南朝盧綝撰，計四卷。又撰有晉八王故事十二卷。隋書卷三十三經籍志著録。後散佚，清黄奭黄氏逸書考輯存一卷，題爲晉四王遺事。

〔五〕惠帝蒙塵還洛陽：蒙塵，蒙受風塵，皇帝被迫離開宫廷或遭受險惡境況，稱蒙塵。房玄齡晉書惠帝本紀載，永寧元年（301），趙王倫篡位，將惠帝幽禁于金鏞城。齊王冏、成都王穎、河間王顒、常山王乂四王同其他官員起兵聲討趙王倫。經三個月的戰争，擊垮趙王倫，齊王等用輦輿接惠帝回洛陽宫中。

〔六〕黄門以瓦盂盛茶上至尊：現已無從查知晉四王起事中惠帝用瓦盂喝茶的記載。但在趙王倫之亂三年後（304）的八王之亂時，晉書有惠帝用瓦器飲食的記載。惠帝單車奔洛陽，途中到獲嘉縣，“市麁米飯，盛以瓦盆，帝噉兩盂。”黄門，有官員和宦官，這裏當指宦官。

異苑〔一〕：“剡縣陳務①妻，少與二子寡居，好飲茶茗。以宅中有古塚，每飲輒先祀之。二子患之曰：‘古塚何知？徒以勞意。’欲掘去之。母苦禁②而止。其夜，夢一人云：‘吾止此塚三百餘年，卿二子恒欲見毁，賴相保護，又享吾佳茗，雖潛③壤朽骨，豈忘翳桑之報〔二〕。’及曉，於庭中獲錢十萬，似久埋者，但貫新耳。母告二子，慙之，從是禱饋④愈甚。”

【校記】

① 務：太平御覽卷八六七引作“矜”。

② 苦禁：涵芬樓本作“苦禁之”。

③ 潛：照曠閣本作“泉”。

④ 饋：原作“饋”，竟陵本作“欽”，今據華氏本改。

【注釋】

〔一〕異苑：志怪小説及人物異聞集，南朝劉敬叔（390—470）撰。敬叔在東晉末爲南平國（今湖北江陵一帶）郎中令，劉宋時任給事黄門郎。此書現存十卷，已非原本。

〔二〕翳桑之報：春秋時晉國大臣趙盾在翳桑打獵時，遇見了一個名叫靈輒的饑餓垂死之人，趙盾很可憐他，親自給他吃飽食物。後來晉靈公埋伏了很多甲士要殺趙盾，突然有一個甲士倒戈救了趙盾。趙盾問及原因，甲士回答他説：“我是翳桑的那個餓人，來報答你的一飯之恩。”事見左傳宣公二年。

廣陵耆老傳〔一〕：“晉元帝〔二〕時有老姥①，每旦獨提②一器茗，往市鬻之，市人競買。自旦至夕③，其器不減④。所得錢散路傍孤貧乞人，人或異之。州法曹縶之獄中⑤。至夜，老姥執所鬻茗器⑥，從獄牖中飛出⑦。”

藝術傳〔三〕：“燉煌人單道開，不畏寒暑，常服小石子。所服藥有松、桂、蜜之氣，所飲⑧茶蘇〔四〕

而已。”⑨

【校記】

① 姥：涵芬樓本作“嫗”。下同。

② 獨提：太平御覽卷八六七引作“擎”。

③ 夕：太平御覽卷八六七引作“暮”。

④ 不減：太平御覽卷八六七引作“不減茗”。

⑤ 州法曹縶之獄中：太平御覽卷八六七引作“執而縶之於獄”。

⑥ 至夜老姥執所鬻茗器：太平御覽卷八六七引作“夜擎所賣茗器”。執：竟陵本作“擕”。

⑦ 從獄牖中飛出：太平御覽卷八六七引作“自牖飛去”。牖：華氏本作“牗”。

⑧ 所飲：原作“所餘”，太平御覽卷八六七引作“兼服”，今據晉書卷九五改。

⑨ 本條引文與所引晉書原文有不同，今録如下：“單道開，敦煌人也……不畏寒暑……恒服細石子……日服鎮守藥數丸，大如梧子，藥有松、蜜、薑、桂、伏苓之氣，時復飲茶蘇一二升而已。”

【注釋】

〔一〕廣陵耆老傳：作者及年代不詳。

〔二〕晉元帝：東晉第一代皇帝司馬睿（317—323 年在位），317 年爲晉王，318 年晉湣帝在北方被匈奴所殺，司馬睿在王氏世家支援下在建業稱帝，改建業爲建康。

〔三〕藝術傳：指房玄齡晉書卷九五藝術列傳，此處引文不是照録原文，文字也略有出入。

〔四〕茶蘇：亦作“荼蘇”，用茶和紫蘇做成的飲料。

釋道説①續名僧傳〔一〕：“宋釋法瑶，姓楊氏②，河東人。元嘉③〔二〕中過江，遇沈臺真〔三〕，請真君④武康小山寺，年垂懸車〔四〕，飯所飲茶。大⑤明〔五〕中，敕吴興禮致上京，年七十九。”

宋江氏家傳〔六〕：“江統，字應元⑥，遷愍懷太子〔七〕洗馬，常上疏，諫云：‘今西園賣醯、麪、藍子、菜、茶之屬，虧敗國體。’”

【校記】

① 釋道説：原作“釋道該説”，多家研究認爲“該”字當爲衍字。按唐釋道宣續高僧傳卷二十五有釋道悦傳，道悦是主要活動在唐太宗時期的僧人，“説”通“悦”，今據改。

② 楊：竟陵本作“揚”，名書本作“陽”。

③ 元嘉：原作“永嘉”，按永嘉爲晉懷帝年號（307—312），與前文所説南朝“宋”不合，且與後文所説大明年號相去 150 多年，與所言人物 79 歲年紀亦不合，當爲南朝宋元帝元嘉時，今據改。

④ 請真君：竹素園本作“君”，益王涵素本作“請君”，四庫本作“真君在”，西塔寺本作“真君”。

⑤ 大：原作“永”，據梁高僧傳卷七改。參看後文注。

⑥ 元：原脱，據晉書卷五六江統傳補。

【注釋】

〔一〕釋道説續名僧傳：新唐書藝文志記録自晉至唐代有名僧傳、高僧傳、續高僧傳數種，此處名稱略異，不知續名僧傳是否其中一種。續高僧傳卷二十五有釋道悦傳，道悦 652 年仍在世。釋道説原本作“釋道該説”，“該”當爲衍字。説、悦二字通。

〔二〕元嘉：南朝宋文帝年號，共 30 年，公元 424—453 年。

〔三〕沈臺真：沈演之（397—449），字臺真，南朝宋吴興郡武康人。宋書卷六三、南史卷三六有傳。

〔四〕年垂懸車：典出西漢劉安淮南子天文訓：“爰止羲和，爰息六螭，是謂懸車。”懸車原指黄昏前的一段時間。又指人年 70 歲退休致仕。元嘉二十六年（449），沈演之卒時方五十餘歲，則懸車是指當時法瑶的年齡接近 70 歲。據此，後文言法瑶 79 歲時的“永明中”時間疑有誤，布目潮渢據梁高僧傳卷七言此事當發生在大明六年（462）。

〔五〕大明：南朝宋孝武帝年號，共 8 年，公元 457—464 年。原作“永明”，爲南朝齊武帝年號，共十一年，公元 483—493 年。

〔六〕宋江氏家傳：江祚等撰（此據隋書卷三三，而新唐書卷六四言爲江饒撰），共七卷，今已散佚。此事太平御覽卷八六七所載略同。但唐房玄齡晉書卷五六江統傳所載江統諫疏第四項末段：“今西園賣葵菜、藍子、雞、麵之屬，虧敗國體”，没有“茶”，與本書所引不同。

〔七〕愍懷太子：晉惠帝庶長子司馬遹，惠帝即位後，立爲皇太子。年長後不好學，不尊敬保傅，屢缺朝覲，與左右在後園嬉戲。常於東宫、西園使人殺豬、沽酒或做其他買賣，坐收其利。永康元年（300），被惠帝賈后害死，年二十一。事見晉書卷五三。

宋録〔一〕：“新安王子鸞、豫章王子尚詣曇濟道人於八公山，道人設茶[①]茗。子尚味之曰：‘此甘露也，何言茶茗。’”

王微雜詩〔二〕：“寂寂掩高[②]閣，寥寥空[③]廣厦。待君竟不歸，收領今就檟。”〔三〕

鮑昭妹令暉著香茗賦。

南齊世祖武皇帝遺詔：“我靈座[④]上慎勿以牲爲祭，但設餅果、茶飲、乾飯、酒脯而已。”〔四〕

【校記】

① 茶：儀鴻堂本作“香”。

② 高：名書本作“空”。

③ 空：宜和堂本作“坐”。

④ 座：涵芬樓本作“坐”，儀鴻堂本作“床”。

【注釋】

〔一〕宋録：周靖民言爲南朝齊王智深撰，不知何據。檢南齊書、南史等書，皆言王智深所撰爲宋紀。又茶經述評稱隋書經籍志著録宋録，亦遍檢不見。布目潮渢疑爲南朝梁裴子野宋略之誤。按，舊唐書卷四六著録"宋拾遺録十卷，謝綽撰"，未知宋録是否爲其略稱。

〔二〕王微（415—443）：南朝宋琅琊臨沂（今山東臨沂）人，字景玄，"少好學，無不通覽，善屬文，能書畫，兼解音律、醫方、陰陽、術數。"南朝宋文帝（424—453年在位）時，曾爲人薦任中書侍郎、吏部郎等，皆不願就。死後追贈秘書監。宋書卷六二有傳。王微有雜詩二首，茶經所引爲第一首。按：本篇最初所列人名總目中漏列王微名。

〔三〕玉臺新詠卷三載該詩共計二十八句，陸羽節録最後四句。文字略有不同，如"高閣"作"高門"，"收領"作"收顔"。全詩是描寫一個采桑婦女，懷念從征多年的丈夫久久不歸，最後衹好寂静地掩著高門，孤苦伶仃地守著廣厦。如果征夫再不回來，她將容顔蒼老地就檟了。"就檟"有二解：一是説喝茶，一是行將就木之就檟。

〔四〕南齊書卷三載南朝齊武帝蕭賾於永明十一年（493）七月臨死前所寫遺書："祭敬之典，本在因心……我靈上慎勿以牲爲祭，惟設餅、茶飲、乾飯、酒脯而已。天下貴賤，咸同此制。"文字略有不同。

梁劉孝綽謝晉安王餉米等啓〔一〕："傳詔〔二〕李孟孫宣教旨，垂賜米、酒、瓜、筍[①]、菹[②]〔三〕、脯、酢〔四〕、茗八種。氣苾新城，味芳雲松〔五〕。江潭抽節，邁昌荇之珍〔六〕；壃埸擢翹，越葺精之美〔七〕。羞[③]非純束野麏，裛似雪之驢[④]〔八〕；鮓[⑤]異陶瓶河鯉〔九〕，操如瓊之粲〔一〇〕。茗同食粲〔一一〕，酢類望柑[⑥]〔一二〕。免千里宿舂，省三月糧[⑦]聚〔一三〕。小人懷惠，大懿〔一四〕難忘。"

【校記】

① 筍：原作"荀"，今據集成本改。

② 菹：秋水齋本作"葅"，大觀本作"葅"，通。

③ 羞：涵芬樓本作"茅"。

④ 裛：西塔寺本作"裹"。驢：益王涵素本作"包"，儀鴻堂本作"鱸"。

⑤ 鮓：儀鴻堂本作"酢"。

⑥ 類：原作"顔"，今據秋水齋本改。柑：原作"楫"，益王涵素本作"梅"，今據秋水齋本改。

⑦ 糧：原作"種"，今據竹素園本改。

【注釋】

〔一〕晉安王：即南朝梁武帝第二子蕭綱（503—551），初封爲晉安王，長兄昭明太子蕭統於中大通三年（531）卒後，繼立爲皇太子，後登位，稱簡文帝，在位僅二年。啓：

古時下級對上級的呈文、報告。這裏是劉孝綽感謝晉安王蕭綱頒賜米、酒等物品的回呈，事在531年以前。

〔二〕傳詔：官銜名，有時專設，有時臨事派遣。

〔三〕葅（zū 租）：同“菹”、“葅”，酢菜。

〔四〕酢：古“醋”字，酸醋。

〔五〕“氣苾”二句：新城的米非常芳香，香高入雲。苾，芳香。新城，歷史上有多處，布目潮渢解爲浙江新城縣（在今浙江杭州富陽），這裏所産米質很好，且藝文類聚卷八五載有梁庾肩吾謝湘東王賚米啓“味重新城，香踰澇水”，可見當時新城米頗有名。周靖民解這兩句是頌揚酒的美好。新城爲新豐城的簡稱，在今陝西臨潼東北新豐鎮，城爲漢高祖所建，專釀美酒養其父，歷代仍産名酒。梁武帝詩：“試酌新豐酒，遥勸陽臺人。”雲松，形容松樹高聳入雲。

〔六〕江潭抽節，邁昌荇之珍：前句指竹笋，後句説菹的美好。邁，越過。昌，通“菖”，香菖蒲，古時有做成乾菜吃的。儀禮公食大夫禮注：“菖蒲，本菹也。”荇，多年生水草，龍膽科荇屬，古時常用的蔬菜。詩周南關雎：“參差荇菜，左右采之。”

〔七〕“壃埸”二句：田園摘來的最好的瓜，特别的好。詩小雅信南山：“中田有廬，疆埸有瓜。”“壃”同“疆”。疆埸（yì 易）：田地的邊界，大界叫疆，小界叫埸。擢：拔，這裏作摘取解。翘：翘首，超群出衆。葺，本意是用茅草加蓋房屋，周靖民解作積聚、重疊。葺精：加倍的好。

〔八〕“羞非”二句：送來的肉脯，雖然不是白茅包紮的獐鹿肉，卻是包裹精美的雪白乾肉脯。典出詩召南野有死麇：“野有死麇，白茅純束。”羞，珍羞，美味的食品。純（tún 屯）：包束。麏（jūn 君）：同“麇”，獐子。裛（yì 義）：纏裹。

〔九〕鲊異陶瓶河鯉：鲊，腌製的魚或其他食物。河鯉，詩陳風衡門：“豈食其魚，必河之鯉。”黄河出産的鯉魚，味鮮美。

〔一〇〕操如瓊之粲：饋贈的大米像瓊玉一樣晶瑩。操，拿着。瓊，美玉。粲，上等白米，精米。

〔一一〕茗同食粲：茶和精米一樣的好。

〔一二〕酢類望柑：橘，柑橘。饋贈的醋像看著柑橘就感到酸味一樣的好。

〔一三〕“免千里”二句：這是劉孝綽總括地説頒賜的八種食品可以用好幾個月，不必自己去籌措收集了。千里、三月是虚數詞，未必恰如其數。莊子逍遥遊：“適百里者宿舂糧，適千里者三月聚糧。”

〔一四〕懿：美、善。

陶弘景雜録〔一〕：“苦茶輕身换骨①，昔丹丘子、黄②山君服之。”

後魏録：“瑯琊王肅仕南朝，好茗飲、蓴

羹〔二〕。及還北地，又好羊肉、酪漿。人或問之：‘茗何如酪？’肅曰：‘茗不堪與酪爲奴。’”〔三〕

【校記】

① 身：原脱，今據長編本補。骨：原作“膏”，今據儀鴻堂本改。

② 黄：原作“責”，今據太平御覽卷八六七引改。

【注釋】

〔一〕雜録：是書不詳。惟太平御覽卷八六七所引稱陶氏此書爲新録。

〔二〕蓴：水蓮科蓴屬植物，春夏之際，其葉可食用。

〔三〕後魏楊衒之洛陽伽藍記和北史王肅傳對此事有更詳細的記載：“肅初入國，不食羊肉及酪漿等物，常飯鯽魚羹，渴飲茗汁，京師士子道肅一飲一斗，號爲漏卮。經數年以後，肅與高祖（孝文帝）殿會，食羊肉、酪粥甚多。高祖怪之，謂肅曰：‘卿中國之味也，羊肉何如魚羹？茗飲何如酪漿？’肅對曰：‘羊者陸産之最，魚者乃水族之長，所好不同，並各稱珍。以味言之，甚是優劣，羊比齊魯大邦，魚比邾莒小國，唯茗不中與酪作奴耳。’高祖大笑。”茗不堪與酪爲奴，誇獎北方的乳酪美好，貶低南方茶茗。同時也暗含著飲酪的北方人“尊貴”，飲茶的南方人“低賤”的意思。

桐君録〔一〕：“西①陽、武昌、廬江、晉②陵好茗③〔二〕，皆東人作清茗〔三〕。茗有餑，飲之宜人。凡可飲之物，皆多取其葉。天門冬、拔揳④取根〔四〕，皆益人。又巴東〔五〕别有真茗茶⑤，煎飲令人不眠。俗中多煮檀葉并大皁李〔六〕作茶，並冷〔七〕。又南方有瓜蘆木，亦似茗，至苦澀，取爲屑茶飲，亦可通夜不眠。煮鹽人但資此飲，而交、廣〔八〕最重，客來先設，乃加以香芼輩〔九〕。”

【校記】

① 西：大觀本作“酉”。

② 晉：原作“昔”，今據太平御覽卷八六七引改。

③ 好茗：太平御覽卷八六七引作“皆出好茗”。

④ 揳：儀鴻堂本作“楔”。

⑤ 茗茶：太平御覽卷八六七引作“香茗”。

【注釋】

〔一〕桐君録：全名爲桐君採藥録，或簡稱桐君藥録，藥物學著作，南朝梁陶弘景本草序曰：“又有桐君採藥録，説其花葉形色，藥對四卷，論其佐使相須。”（政和經史證類本草卷一梁陶隱居序）當成書於東晉（四世紀）以後，五世紀以前。陸羽將其列在南北朝各書之間。

〔二〕西陽：西陽國，西晉元康（291—299）初分弋陽郡置，屬豫州，治所在西陽縣（今河南光山西南）。永嘉（307—312）後與縣同移治今湖北黄州東，東晉改爲西陽郡。

武昌：郡名，三國吴分江夏郡六縣置，屬荆州，治所武昌縣（今湖北鄂州），旋改江夏郡。西晉太康（280—289）初又改爲武昌郡。東晉屬江州，南朝宋屬郢州。

廬江：廬江郡，楚漢之際分九江郡置，漢武帝後治舒（今安徽廬江西南城池鄉），東漢末廢。三國魏置廬江郡屬揚州，治六安縣（在今安徽六安北城北鄉）。三國吴所置廬江郡治皖縣（今潛山）。西晉時將魏、吴所置二郡合併，移治舒縣（今安徽舒城）。南朝宋屬南豫州，移治灊（今安徽霍山東北）。南朝齊建元二年（480）移治舒縣。南朝梁移治廬江縣（今安徽廬江），屬湘州。

晉陵：郡名。西晉永嘉五年（311）因避諱改毗陵郡置，屬揚州，治丹徒（今江蘇丹徒市南丹徒鎮）。東晉太興初（318）移治京口（今江蘇鎮江），義熙九年（413）移治晉陵縣（今江蘇常州）。轄境相當今江蘇鎮江、常州、無錫、丹陽、武進、江陰、金壇等市縣。南朝宋元嘉八年（431）改屬南徐州。

〔三〕清茗：不加葱、薑等佐料的清茶。

〔四〕天門冬：多年生草本植物，可藥用，去風濕寒熱，殺蟲，利小便。拔揳：别名金剛骨、鐵菱角，屬百合科，多年生草本植物，根狀莖可藥用，能止渴，治痢。清乾隆元年（1736）嵇曾筠浙江通志卷一〇六引陸羽茶經中桐君録文爲："西陽、武昌、廬江、晉陵好茗，而不及桐盧……凡可飲之物，茗取其葉，天門冬取子、菝葜取根。”與茶經原文不盡相同。

〔五〕巴東：郡名，東漢建安六年（201）改永寧郡置，屬益州，治魚腹（今重慶奉節東白帝城），轄境相當今開縣、雲陽、萬縣、巫溪等縣。

〔六〕大皁李：即皂莢，其果、刺、子皆入藥。

〔七〕並冷：本草綱目引作“並冷利”，清涼爽口的意思。

〔八〕交、廣：交州和廣州。據晉書地理志下，交州東漢建安八年（203）始置，吴黄武五年（226）割南海、蒼梧、鬱林三郡立廣州，交趾、日南、九真、合浦四郡爲交州。及孫晧，又立新昌、武平、九德三郡，交州統郡七，治龍編縣（今越南河内東）。轄境相當今廣西欽州地區、廣東雷州半島，越南北部、中部地區。

〔九〕香芼輩：各種芳香佐料。

坤元録〔一〕：“辰州〔二〕溆浦縣西北三百五十里無射山，云蠻俗當吉慶之時，親族集會歌舞於山上。山多茶樹。”

括①地圖〔三〕：“臨蒸縣〔四〕東一百四十里有茶溪②。”

山謙之吴興記：“烏程縣〔五〕西二十里，有温山，出御荈。”

夷陵圖經〔六〕："黄牛、荆門、女觀、望州等山〔七〕，茶茗出焉。"

【校記】

① 括：原作"栝"，今據竟陵本改。

② 臨蒸縣：原作"臨遂縣"，太平御覽卷八六七引作"臨城縣"，今據南宋王象之輿地紀勝卷五十五引括地志"臨蒸縣百餘里有茶溪"改。茶溪：太平御覽卷八六七引作"茶山茶溪"。

【注釋】

〔一〕坤元録：宋史藝文志記其爲唐魏王李泰撰，共十卷。宋王應麟玉海卷十五認爲此書"即括地志也，其書殘缺，通典引之"。

〔二〕辰州：唐時屬江南道，唐武德四年（621）置，五年分辰溪置溆浦（今屬湖南）。無射山：無射，東周景王時的鍾名，可能此山像鍾而名。

〔三〕括地圖：當爲括地志，宋王應麟玉海卷十五在括地志條目下言："文選東都賦注引括地圖"，認爲是同一書。按：本條内容太平御覽卷八六七引作括地圖，南宋王象之輿地紀勝卷五十五引作括地志。括地志，唐魏王李泰命蕭德言、顧胤等四人撰，貞觀十五年（641）撰畢，表上唐太宗。計五百五十卷，序略五卷。

〔四〕臨蒸縣：舊唐書卷二十地理志三記載：吴分蒸陽

立臨蒸縣，隋改爲衡陽縣，唐初武德四年（621）復爲臨蒸，開元二十年（732）再改稱衡陽縣，爲衡州州治所在。按：賀次君括地志輯校卷四衡州臨蒸縣注太平御覽卷八六七引爲“臨蒸縣”，實際影宋本太平御覽引作“臨城縣”。

〔五〕烏程縣：吴興郡治所在，即今浙江湖州市，温山在市北郊區白雀鄉與龍溪交界處。

〔六〕夷陵圖經：夷陵，郡名，隋大業三年（607）改峽州置，治夷陵縣（今湖北宜昌西北）。轄境相當今湖北宜昌、枝城、遠安等市縣。唐初改爲峽州，天寶間改夷陵郡，乾元初（758）復改峽州。

〔七〕黄牛：黄牛山，南朝宋盛弘之荆州記云：“南岸重嶺疊起，最大高岸間，有石色如人負刀牽牛，人黑牛黄，成就分明。”故名。大清一統志謂“在東湖縣（今宜昌）西北八十里”，即西陵峽上段空嶺灘南岸。

荆門：荆門山，北魏酈道元水經注卷三四：“江水東楚荆門、虎牙之間，荆門山在南，上合下開，若門。”大清一統志卷二七三載：“在東湖縣（今宜昌）東南三十里。”

女觀：女觀山，北魏酈道元水經注卷三四：“（宜都）縣北有女觀山，厥處高顯，回眺極目。古老傳言，昔有思婦，夫官于蜀，屢愆秋期，登此山絶望，憂感而死，山木枯悴，鞠爲童枯，鄉人哀之，因名此山爲女觀焉。”

望州：望州山，大清一統志卷二七三宜昌府山川載：在東湖縣（今宜昌）西，宋范成大有大望州詩云：“望州山頭天四低，東瞰夷陵西秭歸。”按，大望州山即今西陵山，在宜昌市南津關附近，西陵峽出口處北岸。登山頂可以望見歸、峽兩州，故名。

永嘉圖經：“永嘉縣東三百里有白茶山。”〔一〕

淮陰〔二〕圖經：“山陽縣南二十里有茶坡。”

茶陵圖經云：“茶陵者，所謂陵谷生茶茗焉。”〔三〕

本草木部〔四〕：“茗，苦茶①。味甘苦，微寒，無毒。主瘻瘡〔五〕，利小便，去痰渴熱，令人少睡。秋採之苦，主下氣消食。”注云：“春採之。”

【校記】

① 茶：西塔寺本作“荼”。

【注釋】

〔一〕永嘉：永嘉郡，東晉太寧元年（323）分臨海郡置，治永寧縣（今浙江温州），隋開皇九年（589）廢，唐天寶初改温州復置，乾元元年（758）又廢。永嘉縣，隋開皇九年改永寧縣置，唐高宗上元二年爲温州治。光緒永嘉縣志卷二輿地志山川：“茶山，在城東南二十五里，大羅山之支。（謹按，通志載“白茶山”，茶經：“永嘉圖經：縣東三百里有白茶山”，而里數不合，舊府縣亦未載，附識俟考。）”

〔二〕淮陰：楚州淮陰郡，治山陽縣（今江蘇淮安）。

〔三〕茶陵：西漢武帝封長沙王子劉訢爲侯國，後改爲縣，屬長沙國，治所在今湖南茶陵東古營城。東漢屬長沙郡。三國屬湘東郡。隋廢。唐聖曆元年（698）復置，屬衡州，移治今湖南茶陵。唐李吉甫元和郡縣圖志卷三十："茶陵縣，以南臨茶山，故名。"茶陵圖經：南宋羅泌路史引爲衡［州］圖經，文字基本相同。

〔四〕本草木部：茶經中所引本草爲徐勣、蘇敬（宋代避諱改其名爲'恭'）等修訂的新修本草。唐高宗顯慶二年（657），採納蘇敬的建議，詔命長孫無忌、蘇敬、吕才等23人在神農本草經及其集注的基礎上進行修訂，以英國公徐勣爲總監，顯慶四年（659）編成，頒行全國，是我國第一部由國家頒行的藥典，全書共五十四卷。後世又稱唐本草，或唐英公本草。下文所引"菜部"亦爲同書。

〔五〕瘻（lòu 漏）瘡：瘻，瘻管，人體内因發生病變而生成的管子，"瘻病之生……久則成膿而潰漏也"（隋巢元方等巢氏諸病源候總論卷三四）。瘡，瘡癤，多發生潰瘍。

本草菜部："苦菜①，一名荼②〔一〕，一名選，一名游冬〔二〕，生益州〔三〕川③谷，山陵道傍，淩冬不死。三月三日採，乾。"注云〔四〕："疑此即是今茶④，一名荼⑤，令人不眠。"本草注〔五〕："按詩云

‘誰謂荼[⑥]苦[〔六〕]’，又云‘堇荼[⑦]如飴[〔七〕]’，皆苦菜[⑧]也。陶謂之苦茶[⑨]，木類，非菜流。茗春採[⑩]，謂之苦搽[⑪]途遐反。”

【校記】

① 菜：原作“茶”，秋水齋本作“茶”，今據長編本改。

② 荼：原作“茶”，今據陶氏本改。

③ 川：儀鴻堂本作“山”。

④ 荼：照曠閣本作“茶”。

⑤ 荼：原作“茶”，今據陶氏本改。

⑥ 荼：原作“茶”，今據竟陵本改。

⑦ 荼：原作“茶”，今據秋水齋本改。

⑧ 菜：儀鴻堂本作“茶”。

⑨ 茶：大觀本作“荼”。

⑩ 採：涵芬樓本作“採之”。

⑪ 搽：欣賞本作“茶”。

【注釋】

〔一〕一名荼：苦菜在古代本來叫“荼”，爾雅釋草：“荼，苦菜。”唐陸德明、宋邢昺爾雅注疏卷八所引唐本草之文與之略異，且對陶弘景認菜爲茗的説法有辯證：“本草云：苦菜，一名荼草，一名選，生益州川谷。名醫别録云：一名游冬，生山陵道旁，冬不死。月令：孟夏之月，苦菜秀。易緯通卦驗玄圖云：苦菜，生於寒秋，經冬歷春，得夏乃成。今苦菜正如此，處處皆有，葉似苦苣，亦堪食，但苦耳。今在釋草篇，本草爲菜上品，陶弘景乃疑是茗，失之矣。釋木篇有'檟，苦荼'，乃是茗耳。"

〔二〕游冬：苦菜，因爲在秋冬季低温時萌發，經過春季至夏初成熟，所以别名"游冬"。魏張揖廣雅卷十釋草云："游冬，苦菜也。"北宋陸佃埤雅卷一七釋草云："荼，苦菜也。苦菜，生於寒秋，經冬歷春，至夏乃秀。月令：'孟夏苦菜秀'，即此是也。此草凌冬不彫，故一名游冬。凡此則以四時制名也。顔氏家訓曰：'荼葉似苦苣而細，斷之有白汁，花黄似菊。'"

〔三〕益州：隋蜀郡，唐武德元年（618）改爲益州，天寶初又改爲蜀郡，至德二載（757）改爲成都府。即今四川成都。

〔四〕"注云"以上是唐本草照録神農本草經的原文，"注云"以下是陶弘景神農本草經集注文字。

〔五〕本草注：是唐本草所作的注。

〔六〕誰謂荼苦：出自詩邶風谷風："誰謂荼苦，其甘如薺。"清郝懿行爾雅義疏："陶注本草苦菜云：'疑此即是今茗……'此説非是。蘇軾詩云：'周詩記苦荼，茗飲出近世。'又似因陶注而誤也。"

〔七〕堇荼如飴：出自詩大雅緜："周原膴膴，堇荼如飴。"描述周族祖先在周原地方採集堇菜和苦菜吃。

枕中方〔一〕：“療積年瘻，苦茶、蜈蚣並炙，令香熟，等分，搗篩，煮甘草湯洗，以末傅①之。”

孺子方〔二〕：“療小兒無故驚蹶〔三〕，以苦茶②、葱鬚煮服之。”

【校記】

① 傅：儀鴻堂本作“敷”。

② 苦茶：原作小注字，今據竟陵本改。

【注釋】

〔一〕枕中方：南宋秘書省續編到四庫書目著録有“孫思邈枕中方一卷，闕。”有醫書引録枕中方中的單方。而新唐書藝文志、宋史藝文志、通志、崇文總目皆著録爲孫思邈神枕方一卷，葉德輝考證認爲二書即是一書二名。

〔二〕孺子方：小兒醫書，具體不詳。新唐書藝文志有“孫會嬰孺方十卷”，宋史藝文志有“王彦嬰孩方十卷”，當是類似醫書。

〔三〕驚蹶：一種有痙攣症狀的小兒病。發病時，小兒神志不清，手足痙攣，常易跌倒。

八 之 出

山南〔一〕，以峽州上〔二〕，峽州生遠安、宜都、夷陵三縣山谷〔三〕。襄州〔四〕、荆州〔五〕次，襄州生南漳①縣〔六〕山谷，荆州生江陵縣〔七〕山谷。衡州〔八〕下，生衡山、茶陵二縣山谷〔九〕。金州〔一〇〕、梁州〔一一〕又下。金州生西城、安康二縣山谷〔一二〕，梁州生褒城②、金牛二縣山谷〔一三〕。

【校記】

① 漳：原作“鄭”，竟陵本作“鄣”，名書本作“部”，儀鴻堂本作“彰”，今據新唐書卷三九地理志襄州南漳縣條改。

② 褒：原本字跡模糊不清，似爲“褒”之異體字，今據新唐書卷三九地理志梁州褒城縣條改。

【注釋】

〔一〕山南：唐貞觀十道之一，因在終南、太華二山之南，故名。其轄境相當今四川、重慶嘉陵江流域以東，陝西秦嶺、甘肅嶓塚山以南，河南伏牛山西南，湖北溳水以西，自四川、重慶至湖南岳陽之間的長江以北地區。開元間分爲東、西兩道。按：唐貞觀元年（627），分全國爲十道，關内、河南、河東、河北、山南、隴右、淮南、江南、劍南、嶺南，政區爲道、州、縣三級。開元二十一年

(733)，增爲十五道，京畿、關内、都畿、河南、河東、河北、山南東道、山南西道、隴右、淮南、江南西道、江南東道、黔中、劍南、嶺南。天寶初，州改稱郡，前後又將一些道劃分爲幾個節度使（或觀察使、經略使）管轄，今稱爲方鎮。乾元元年（758），又改郡爲州。

〔二〕峽州上：峽州，一名硤州，因在三峽之口得名，郡名夷陵郡，治所在夷陵縣（今湖北宜昌）。轄今湖北宜昌、宜都、長陽、遠安。新唐書地理志載土貢茶。唐杜佑通典載："土貢茶芽二百五十斤。"唐李肇唐國史補卷下記載出産的名茶有碧澗、明月、芳蕊、茱萸簝、小江園茶。"上"，與下文的"次，下，又下"，是陸羽所評各州茶葉品質的四個等級，唐裴汶茶述把碧澗茶列爲全國第二類貢品。

〔三〕遠安、宜都、夷陵三縣：皆是唐峽州屬縣。遠安，今屬湖北。宜都，今屬湖北。夷陵，唐朝峽州州治之所在，在今湖北宜昌東南。

〔四〕襄州：隋襄陽郡，唐武德四年（621）改爲襄州，領襄陽、安養、漢南、義清、南漳、常平六縣，治襄陽縣（今湖北襄樊漢水南襄陽城）。天寶初改爲襄陽郡，十四年置防禦使。乾元初復爲襄州。上元二年（761）置襄州節度使，領襄、鄧、均、房、金、商等州。此後爲山南東道節度使治所。

〔五〕荆州：又稱江陵郡，後升爲江陵府。詳六之飲荆州注。唐乾元間（758—759），置荆南節度使，統轄許多州郡。除江陵縣産茶外，所屬當陽縣清溪玉泉山産仙人掌茶，松滋縣也産碧澗茶，北宋列爲貢品。

〔六〕南漳：約在今湖北省西北部的南漳縣。

〔七〕江陵縣：唐時荆州州治之所在，今屬湖北。

〔八〕衡州：隋衡山郡，唐武德四年（621），置衡州，領臨蒸、湘潭、來陽、新寧、重安、新城六縣，治衡陽縣（武德四年至開元二十年名爲臨蒸縣），即今湖南衡陽。天寶初改爲衡陽郡。乾元初復爲衡州。按，衡州在唐代前期由江陵都督府統管，江陵屬山南道，故陸羽把衡州列於此道。至德二載（757），江陵尹衛伯玉以湖南闊遠，請於衡州置防禦使，自此八州（岳、潭、衡、郴、邵、永、道、連）置使，改屬江南西道。（舊唐書卷三十九）

〔九〕衡山縣：約在今湖南衡山。原屬潭州，後劃入衡州。唐時縣治在今朱亭鎮對岸。唐李肇唐國史補卷下載名茶“湖南有衡山”，唐楊曄膳夫經手録載衡山茶運銷兩廣及越南，唐裴汶茶述把衡山茶列爲全國第二類貢品。

〔一〇〕金州：唐武德年間改西城郡爲金州，治西城縣（今陝西安康）。轄境相當今陝西石泉以東、旬陽以西的漢水流域。天寶初改爲安康郡，至德二載（757）改爲漢南郡，乾元元年（758）復爲金州。新唐書地理志載金州土貢茶芽。唐杜佑通典卷六載金州土貢“茶芽一斤”。

〔一一〕梁州：唐屬山南道，治南鄭縣（在今陝西漢中東）。轄境相當今陝西漢中、南鄭、城固、勉縣以及寧强縣北部地區。開元十三年（725）改梁州爲褒州，天寶初改爲漢中郡，乾元初復爲梁州，興元元年（784）升爲興元府。新唐書地理志載土貢茶。

〔一二〕西城縣：漢置縣，到唐代地名未變，唐代金州治所，即今陝西安康縣。安康縣：唐代金州屬縣，在今陝西漢陰縣。漢安陽縣，西晉改名安康縣，到唐前期未變更。至德二載（757），改稱漢陰縣。

〔一三〕褒城縣：唐貞觀三年（629）改褒中爲褒城縣，在今陝西漢中縣西北。底本及諸校本所作"襄城"，隸河南道許州，即今河南襄城縣，不屬山南道梁州，而且不産茶。顯係"褒"、"襄"形近之誤。金牛縣：唐武德三年（620）以縣置褒州，析利州之綿谷置金牛縣，八年州廢，改隸梁州。寶曆元年（825），併入西縣（今勉縣）爲鎮。

淮南〔一〕，以光州〔二〕上，生光山縣黄頭港者〔三〕，與峽州同。義陽郡〔四〕、舒州〔五〕次，生義陽縣鍾山者與襄州同〔六〕，舒州生太湖縣潛山者與荆州同〔七〕。壽州〔八〕下，盛唐縣生①霍山者與衡山同也〔九〕。蘄州〔一〇〕、黄州〔一一〕又下。蘄州生黄梅縣〔一二〕山谷，黄州生麻城縣〔一三〕山谷，並與金州②、梁州同也。

【校記】

① 生：汪氏本此字置於句首。

② 金州：原本作"荆州"，按此處是淮南第四等茶葉

與山南第四等茶葉相比，荆州所産茶爲山南第二等，不當與其第四等梁州並列，而應當是同爲第四等的金州，因據改。

【注釋】

〔一〕淮南：唐代貞觀十道、開元十五道之一，以在淮河以南爲名，其轄境在今淮河以南、長江以北、西至湖北應山、漢陽一帶地區，相當於今江蘇省北部、安徽省河南省的南部、湖北省東部，治所在揚州（今屬江蘇）。

〔二〕光州：唐屬淮南道，武德三年（620）改弋陽郡爲光州，治光山縣（今屬河南），太極元年（712）移治定城縣（今河南潢川）。天寶初復改爲弋陽郡，乾元初又改光州。轄境相當今河南潢川、光山、固始、商城、新縣一帶。

〔三〕光山縣：隋開皇十八年（598）置縣爲光州治，即今河南光山縣。黄頭港：周靖民茶經校注稱潢河（原稱黄水）自新縣經光山、潢川入淮河，黄頭港在澥灣至晏家河一帶。

〔四〕義陽郡：唐初改隋義陽郡爲申州，轄區大大縮小，相當今河南信陽市、縣及羅山縣。天寶初又改稱義陽郡。乾元初復稱申州。新唐書地理志載土貢茶。

〔五〕舒州：唐武德四年（621）改同安郡置，治所在懷寧縣（今安徽潛山），轄今安徽太湖、宿松、望江、桐城、樅陽、安慶市、嶽西縣和今懷寧縣。天寶初復爲同安郡，至德年間改爲盛唐郡，乾元初復爲舒州。據唐李肇唐國史補卷下記載，舒州茶已於 780 年以前運銷吐蕃（今西藏、青海地區）。

〔六〕義陽縣：唐申州義陽縣，在今河南信陽南。鍾山：山名。大清一統志卷一百六十八謂在信陽東十八里。

〔七〕太湖縣：唐舒州太湖縣，即今安徽太湖縣。灊山：山名，北宋樂史太平寰宇記卷一二五："灊山在縣西北二十里，其山有三峰，一天柱山，一灊山，一皖山。"南宋祝穆方輿勝覽卷四九："一名灊嶽，在懷寧西北二十里。"

〔八〕壽州：唐武德三年改隋壽春郡爲壽州，治壽春（今安徽壽縣）。天寶初又改壽春郡。乾元初復稱壽州。轄今安徽壽縣、六安、霍丘、霍山縣一帶。新唐書地理志載土貢茶。唐裴汶茶述把壽陽茶列爲全國第二類貢品。唐李肇唐國史補卷下載壽州茶已於 780 年以前運銷吐蕃。

〔九〕盛唐縣霍山：盛唐縣，原爲霍山縣，唐開元二十七年（739）改名盛唐縣，並移縣治於騶虞城（今安徽六安）。天寶元年（742），又另設霍山縣。霍山，山名，大清一統志卷九三載："在霍山縣西北五里，又名天柱山。爾雅：'霍山爲南嶽'，注：即天柱山。"霍山在唐代産茶量多而著名，稱爲"霍山小團"、"黄芽"。

〔一〇〕蘄州：唐武德四年（621）改隋蘄春郡爲蘄州，治蘄春（今屬湖北蘄春），天寶初改爲蘄春郡，乾元初復爲蘄州。轄今湖北蘄春、浠水、黄梅、廣濟、英山、羅田縣地。新唐書地理志載土貢茶。唐裴汶茶述把蘄陽茶列爲全國第一類貢品。唐李肇唐國史補卷下載名茶有“蘄門團黄”，曾運銷吐蕃。

〔一一〕黄州：唐初改隋永安郡爲黄州，治黄岡縣（今湖北新洲）。天寶初改爲齊安郡，乾元初復爲黄州。轄今湖北黄岡、麻城、黄陂、紅安、大悟、新洲縣地。

〔一二〕黄梅縣：今屬湖北。隋開皇十八年（598）改新蔡縣置，唐沿之，唐李吉甫元和郡縣圖志卷二八稱其“因縣北黄梅山爲名”。

〔一三〕麻城縣：今屬湖北。隋開皇十八年（598）改信安縣置，唐沿之。

浙西①〔一〕，以湖州〔二〕上，湖州，生長城縣顧渚山谷②〔三〕，與峽州、光州同；生山桑、儒師二塢③〔四〕，白茅山懸脚嶺〔五〕，與襄州、荆州④、義陽郡同；生鳳亭山伏翼閣⑤飛雲、曲水二寺、啄木嶺〔六〕，與壽州、衡州⑥同；生安吉、武康二縣山谷〔七〕，與金州、梁州同。常州〔八〕次，常州義興⑦縣生君山懸脚嶺北峰下〔九〕，與荆州、義陽郡同；生圈嶺善權寺、石亭山〔一〇〕，與舒州同。宣州〔一一〕、杭州〔一二〕、睦州〔一三〕、歙州〔一四〕下，宣州生宣城縣雅山〔一五〕，與蘄州同；太平縣生⑧上睦、臨睦〔一六〕，與黄州同；杭州，臨安、於潛二縣生天目山〔一七〕，與舒州同；錢塘⑨生天竺、靈隱二寺〔一八〕，睦州生桐廬縣〔一九〕山谷，歙州生婺源〔二〇〕山谷，與衡州同。潤州〔二一〕、蘇州〔二二〕又下。潤州江寧縣生傲山〔二三〕，蘇州長洲縣〔二四〕生洞庭山，與金州、蘄州、梁州同。

【校記】

① 西：長編本作“江”。

② 城：宜和堂本作“興”。顧渚：儀鴻堂本作“顧注”。山谷：原作“上中”，今據竟陵本改。

③ 生山桑、儒師二塢：四庫本作“生烏瞻山、天目山”。秋水齋本於句首多一“若”字。桑：大觀本作“柔”。塢：原本版面爲墨丁，今據北宋樂史太平寰宇記卷九四“江南東道湖州”長興縣條改。

④ 荊州：原作“荊南”，按荊南爲荊州節度使號，上文山南道言以“荊州”，據改。

⑤ 閣：大觀本作“關”。

⑥ 衡州：原作“常州”，按：常州之茶尚未出現不能提前以之相比，且壽州之茶爲三等而常州之茶爲二等，非是同一等級的茶，不能並提，而上文衡州與壽州乃是同一等級之茶，因據改。

⑦ 義：儀鴻堂本作“宜”。興：原作“與”，今據竟陵本改。

⑧ 太平縣生：名書本作“生太平縣”。

⑨ 塘：名書本作“唐”。

【注釋】

〔一〕浙西：唐貞觀、開元間分屬江南道、江南東道。

乾元元年（758），置浙江西道、浙江東道兩節度使方鎮，並將江南西道的宣、饒、池州劃入浙西節度。浙江西道簡稱浙西。大致轄今安徽、江蘇兩省長江以南、浙江富春江以北以西、江西鄱陽湖東北角地區。節度使駐潤州（今江蘇鎮江）。

〔二〕湖州：隋仁壽二年（602）置，大業初廢。唐武德四年（621）復置，治烏程縣（今浙江湖州）。轄境相當今浙江湖州、長興、安吉、德清縣東部地。天寶初改爲吴興郡，乾元初復爲湖州。新唐書地理志載土貢紫笋茶。唐楊曄膳夫經手録："湖州紫笋茶，自蒙頂之外，無出其右者。"

〔三〕長城縣：即今浙江長興。隋大業末置長州，唐武德四年（621）更置綏州，又更名雉州，七年州廢，以長城屬湖州。五代梁改名長興縣，與今名同。顧渚山：唐代又稱顧山。唐李吉甫元和郡縣圖志載："長城縣顧山，縣西北四十二里。貞元以後，每歲以進奉顧渚紫笋茶，役工三萬人，累月方畢。"新唐書地理志："顧山有茶，以供貢。"唐裴汶茶述把它與蒙頂、蘄陽茶同列爲全國上等貢品。唐李肇唐國史補列爲全國名茶，並載其運銷吐蕃。

〔四〕山桑、儒師二塢：長興縣的兩個小地名，唐皮日休茶籯詩有曰："筤筹曉攜去，驀箇山桑塢。"茶人詩有曰："果任獳師虜。"（全唐詩卷六一一）

〔五〕白茅山：即白茆山，同治湖州府志卷一九記其在長興縣西北七十里。懸腳嶺：在今浙江長興西北。懸腳嶺是長興與宜興分界處，境會亭即在此。

〔六〕鳳亭山：明一統志卷四〇載其“在長興縣西北五十里，相傳昔有鳳棲於此”。伏翼閣：明一統志卷四〇載長興縣有伏翼澗，“在長興縣西三十九里，澗中多産伏翼”。按：澗、閣字形相近，伏翼閣或爲伏翼澗之誤。飛雲寺：在長興縣飛雲山，北宋樂史太平寰宇記卷九四載：“飛雲山在縣西二十里，高三百五十尺，張元之山墟名云：‘飛雲山南有風穴，故雲霧不得歊鬱其間’。其上多産楓櫟等樹。宋元徽五年（477）置飛雲寺。”曲水寺：不詳。唐人劉商有曲水寺枳實詩：“枳實遶僧房，攀枝置藥囊。洞庭山上橘，霜落也應黄。”（萬首唐人絶句卷一五）啄木嶺：明徐獻忠吴興掌故集言其在長興“縣西北六十里，山多啄木鳥。”（浙江通志卷一二引）

〔七〕安吉縣：唐初屬桃州，旋廢。麟德元年（664）再置，屬湖州（今浙江湖州安吉縣）。武康縣：“（三國）吴分烏程、餘杭二縣立永安縣。晉改爲永康，又改爲武康。武德四年（621）置武州，七年州廢，縣屬湖州。”（舊唐書卷四〇）

〔八〕常州：唐武德三年（620）改毗陵郡爲常州，治晉陵縣（今江蘇常州）。垂拱二年（686）又分晉陵縣西界置武進縣，同爲州治。天寶初改爲晉陵郡，乾元初復爲常州。轄境相當今江蘇常州、武進、無錫、宜興、江陰等地。

新唐書地理志載土貢紫笋茶。

〔九〕義興縣：漢陽羨縣，唐屬常州，即今江蘇宜興市。常州所貢茶即宜興紫笋茶，又稱陽羨紫笋茶。唐義興縣重修茶舍記載，御史大夫李棲筠爲常州刺史時，“山僧有獻佳茗者，會客嘗之，野人陸羽以爲芬香甘辣，冠於他境，可薦於上。棲筠從之，始進萬兩，此其濫觴也”（宋趙明誠金石録卷二九）。大曆間，遂置茶舍於罨畫溪。唐裴汶茶述把義興茶列爲全國第二類貢品。君山：北宋樂史太平寰宇記卷九二記常州宜興“君山，在縣南二十里，舊名荆南山，在荆溪之南”。

〔一〇〕善權寺：唐羊士諤息舟荆溪入陽羨南山遊善權寺呈李功曹巨詩：“結纜蘭香渚，挈侣上層岡。”（全唐詩卷三三二）宜興丁蜀鎮有蘭渚，位於縣東南。善權，相傳是堯舜時的隱士。石亭山：宜興城南一小山，明王世貞弇州四部稿續稿卷六〇石亭山居記曰：“環陽羨而四郭之外無非山水……城南之五里得一故墅……傍有一小山曰石亭，其高與延袤皆不能里計。”

〔一一〕宣州：唐武德三年（620）改宣城郡爲宣州，治宣城縣（今安徽宣州），轄境相當今安徽長江以南，郎溪、廣德以西、旌德以北、東至以東地。

〔一二〕杭州：隋開皇九年（589）置，唐因之，治錢塘（今浙江杭州）。隋大業及唐天寶、至德間嘗改餘杭郡。轄境相當今浙江杭州、餘杭、臨安、海寧、富陽、臨安等地。

〔一三〕睦州：唐武德四年（621）改隋遂安郡爲睦州，萬歲通天二年（697）移治建德縣（今浙江建德東北梅城鎮），轄境相當今浙江淳安、建德、桐廬等地。天寶元年（742）改稱新定郡。乾元元年（758）復爲睦州。新唐書地理志載土貢細茶。唐李肇唐國史補卷下載名茶“睦州有鳩坑”。鳩坑在淳安縣西新安江畔。

〔一四〕歙州：唐武德四年（621）改隋新安郡爲歙州，治歙縣（今屬安徽）。天寶初改稱新安郡。乾元初復爲歙州。轄境相當今安徽新安江流域、祁門和江西婺源等地。唐楊曄膳夫經手録載有“新安含膏”、“先春含膏”，並説：“歙州、祁門、婺源方茶，製置精好，不雜木葉，自梁、宋、幽、并間，人皆尚之。賦税所入，商賈所齎，數千里不絶於道路。”

〔一五〕雅山：又寫作“鵶山”、“鴨山”、“丫山”、“鵐山”，唐楊曄膳夫經手録：“宣州鴨山茶，亦天柱之亞也。”五代毛文錫茶譜：“宣城有丫山小方餅”。北宋樂史太平寰宇記卷一〇三寧國縣：“鵐山出茶尤爲時貢，茶經云味與蘄州同。”清尹繼善、黄之雋等江南通志卷十六：“鵶山在寧國縣西北三十里。”

〔一六〕太平縣：今屬安徽。唐天寶十一載（752）分涇縣西南十四鄉置，屬宣城郡。乾元初屬宣州，大曆中廢，永泰中復置。上睦、臨睦：周靖民茶經校注稱其係太平縣二鄉名。舒溪（青弋江上游）的東源出自黄山主峰南麓，繞至東面北流，入太平縣境，稱爲睦溪，經譚家橋、太平舊城，再北流，然後與舒溪西源合。上睦鄉在黄山北麓，臨睦鄉在其北。

〔一七〕臨安縣：西晉始置，隋省，唐垂拱四年（688）復置，屬杭州，即今杭州臨安。於潛縣：今浙江臨安西於潛鎮，漢始置，唐屬杭州。天目山：唐李吉甫元和郡縣圖志卷二十五："天目山在縣理北六十里，有兩峰，峰頂各一池，左右相對，名曰天目"。大清一統志卷二百十六："天目山，在臨安縣西北五十里，與於潛縣接界。山有兩目。在臨安者爲東天目，在於潛者曰西天目。即古浮玉山也。"按，天目山脈橫亘於浙西北、皖東南邊境。有兩高峰，即東天目山和西天目山，海拔都在 1500 米左右，東天目山在臨安縣西北五十餘里，西天目山在舊於潛縣北四十餘里。

〔一八〕錢塘：錢塘縣，南朝時改錢唐縣置，隋開皇十年（590）爲杭州治，大業初爲餘杭郡治，唐初復爲杭州治，即今浙江杭州。靈隱寺：在市西十五里靈隱山下（西湖西）。南面有天竺山，其北麓有天竺寺，後世分建上、中、下三寺，下天竺寺在靈隱飛來峰。陸羽曾到過杭州，撰寫有天竺靈隱二寺記。

〔一九〕桐廬縣：即今浙江桐廬。三國吴始置爲富春縣，唐武德四年（621）爲嚴州治，七年州廢，仍屬睦州，開元二十六年（738）徙今桐廬縣治。

〔二〇〕婺源：唐開元二十八年（740）置，屬歙州，治所即今江西婺源西北清華鎮。

〔二一〕潤州：隋開皇十五年（595）置，大業三年（607）廢。唐武德三年（620）復置，治丹徒縣（今江蘇鎮江）。天寶元年（742）改爲丹陽郡。乾元元年（758）復爲潤州。建中三年（782）置鎮海軍。轄境相當今江蘇南京、句容、鎮江、丹徒、丹陽、金壇等地。

〔二二〕蘇州：隋開皇九年（589）改吴州置，治吴縣（今江蘇蘇州西南横山東）。以姑蘇山得名。大業初復爲吴州，尋又改爲吴郡。唐武德四年（621）復爲蘇州，七年徙治今蘇州市。開元二十一年（733）後，爲江南東道治所。天寶元年（742）復爲吴郡。乾元後仍爲蘇州。轄境相當今江蘇蘇州、吴縣、常熟、崑山、吴江、太倉，浙江嘉興、海鹽、嘉善、平湖、桐鄉及上海市大陸部分。

〔二三〕江寧縣：今屬江蘇。西晉太康二年（281）改臨江縣置，唐武德三年（620）改名歸化縣，貞觀九年（635）復改白下縣爲江寧縣，屬潤州。至德二載（757）爲江寧郡治，乾元元年（758）爲升州治，上元二年（761）改爲上元縣。傲山：不詳，周靖民茶經校注稱在今南京市郊。

〔二四〕長洲縣：唐武則天萬歲通天元年（696）分吴縣置，與吴縣並爲蘇州治。1912 年併入吴縣。相當於今蘇州吴縣。洞庭山：周靖民茶經校注稱唐代僅指今所稱的西洞庭山，又稱包山，係太湖中的小島。

劍南〔一〕，以彭州〔二〕上，生九隴縣馬鞍山至德寺、棚口〔三〕，與襄州同。綿州〔四〕、蜀州〔五〕次，綿州龍安縣生松嶺關〔六〕，與荊州同；其西昌、昌明、神泉縣西山者並佳〔七〕，有過松嶺者不堪採。蜀州青[①]城縣生丈人山〔八〕，與綿州同。青城縣有散茶、木茶。邛州〔九〕次，雅州〔一〇〕、瀘州〔一一〕下，雅州百丈山、名山〔一二〕，瀘州瀘川[②]〔一三〕者，與金州[③]同也。眉州〔一四〕、漢州〔一五〕又下。眉州丹稜縣[④]生鐵山者〔一六〕，漢州綿竹縣生竹山者〔一七〕，與潤州同。

【校記】

① 青：原作“責”，今據竟陵本改。

② 川：竹素園本作“山”，秋水齋本作“州”。

③ 金：儀鴻堂本作“荆”。

④ 稜：原作“校”，今據舊唐書卷四一眉州丹稜條改。按，新唐書卷四二及今縣名作“丹棱”。

【注釋】

〔一〕劍南：唐貞觀十道、開元十五道之一，以在劍門山以南爲名。轄境包括現在四川的大部分和雲南、貴州、甘肅的部分地區。採訪使駐益州（今四川成都）。乾元以後，曾分爲劍南西川、劍南東川兩節度使方鎮，但不久又合併。

〔二〕彭州：唐垂拱二年（686）置，治九隴縣（今四川彭州）。天寶初改爲濛陽郡。乾元初（758）復爲彭州。轄境相當今四川彭縣、都江堰市地。

〔三〕九隴縣：唐彭州州治，即今四川彭州。馬鞍山：南宋祝穆方輿勝覽卷五十四載彭州西有九隴山，其五曰走馬隴，或即茶經所言馬鞍山。布目潮渢與周靖民皆以爲馬鞍山似即至德山。至德寺：方輿勝覽卷五十四載彭州有至德山，寺在山中。大清一統志卷二百九十二引方輿勝覽："至德山在彭州西三十里……一名茶隴山。"按："一名茶隴山"數字不見今本方輿勝覽。棚口，一作"堋口"，大清一統志卷二百九十二載："有堋口茶場，舊志在彭縣西北二十五里。"堋口茶，唐代已著名，五代毛文錫茶譜云："彭州有蒲村、堋口、灌口，其園名仙崖、石花等，其茶餅小而布嫩芽如六出花者尤妙。"

〔四〕綿州：隋開皇五年（585）改潼州置，治巴西縣（今四川綿陽涪江東岸）。大業三年（607）改爲金山郡。唐武德元年（618）改爲綿州，天寶元年（742）改爲巴西郡。乾元元年（758）復爲綿州。轄境相當今四川羅江上游以東、潼河以西江油、綿陽間的涪江流域。

〔五〕蜀州：唐垂拱二年（686）析益州置，治晉原縣（今四川崇州）。天寶初改爲唐安郡。乾元初復爲蜀州。轄境相當今四川崇州、新津等市縣地。蜀州名茶有雀舌、鳥觜、麥顆、片甲、蟬翼，都是散茶中的上品（五代毛文錫茶譜)。

〔六〕龍安縣：今四川安縣。唐武德三年(620)置，屬綿州。天寶初屬巴西郡，乾元以後屬綿州。以縣北有龍安山爲名。五代毛文錫茶譜："龍安有騎火茶，最上，言不在火前、不在火後作也。清明改火。故曰騎火。"松嶺關：唐杜佑通典卷一七六記其在龍安縣"西北七十里"。唐初設關，開元十八年(730)廢。周靖民茶經校注稱，松嶺關在綿、茂、龍三州邊界，是川中入茂汶、松潘的要道。唐時有茶川水，是因産茶爲名，源出松嶺南，至安縣與龍安水合。

〔七〕西昌縣：今四川安縣東南花荄鎮。唐永淳元年(682)改益昌縣置，屬綿州。天寶初屬巴西郡，乾元以後屬綿州。北宋熙寧五年(1072)併入龍安縣。昌明縣：在今四川江油南彰明鎮。唐先天元年(712)因避諱改昌隆縣置，屬綿州。天寶初屬巴西郡，乾元以後復屬綿州。地産茶，唐白居易春盡日詩曰："渴嘗一盌緑昌明"(全唐詩卷四五九)。唐李肇唐國史補卷下載名茶有昌明獸目，並説昌明茶已於780年以前運往吐蕃。神泉縣：隋開皇六年(586)改西充國縣置，以縣西有泉14穴，平地湧出，治病神效，稱爲神泉，並以名縣。唐因之，屬綿州，治所在今四川安縣南五十里塔水鎮。天寶初屬巴西郡，乾元以後復屬綿州。元代併入安州。地産茶，唐李肇唐國史補卷下："東川有神泉小團、昌明獸目。"宋趙德麟侯鯖録卷四言：

“唐茶東川有神泉、昌明。”西山：周靖民茶經校注稱，岷山山脈在甘、川邊境折而由北至南走向，在岷江與涪江之間，位於四川北川、安縣、綿竹、彭縣、灌縣以西、唐代稱汶山。這裏指安縣以西的這一山脈。

〔八〕青城縣：今四川都江堰（舊灌縣）東南徐渡鄉杜家墩子。青城縣，唐開元十八年（730）改清城縣置，屬蜀州。因境内有著名的青城山爲名。丈人山：青城山有三十六峰，丈人峰是主峰。

〔九〕邛州：南朝梁始置，隋廢，唐武德元年（618）復置，初治依政縣，顯慶二年（657）移治臨邛縣（今四川邛崍）。天寶初改爲臨邛郡，乾元初復爲邛州。轄境相當今四川邛崍、大邑、蒲江等市縣地。地産茶，五代毛文錫茶譜載：“邛州之臨邛、臨溪、思安、火井，有早春、火前、火後、嫩緑等上、中、下茶。”臨邛，今邛崍縣。臨溪縣，在邛崍縣西南。火井縣，今邛崍縣西火井鎮。思安：茶場，大清一統志卷三一〇“思安茶場”注曰：“在大邑縣西，九域志：大邑縣有大邑、思安二茶場。”周靖民茶經校注認爲“思安”可能是五代蜀國縣名。

〔一〇〕雅州：隋仁壽四年（604）始置，大業三年（607）改爲臨邛郡。唐武德元年（618）復改雅州，治嚴道縣（今四川雅安西），轄境相當今四川雅安、蘆山、名山、滎經、天全、寶興等地。天寶初改爲盧山郡，乾元初復爲雅州。開元中置都督府。地産茶，新唐書地理志載土貢茶。

唐李吉甫元和郡縣志卷三二："蒙山在（嚴道）縣南一十里，今每歲貢茶，爲蜀之最。"所産蒙頂茶與顧渚紫笋茶是唐代最著名的茶。唐楊曄膳夫經手録説："元和以前，束帛不能易一斤先春蒙頂。"唐裴汶茶述把蒙頂茶列爲全國第一流貢茶之一。蒙山是邛崍山脈的尾脊，有五峰，在名山縣西。

〔一一〕瀘州：南朝梁大同中置，隋改爲瀘川郡。唐武德元年（618）復爲瀘州，治瀘川縣（今四川瀘州）。天寶初改瀘川郡，乾元初復爲瀘州。轄境相當今四川沱江下游及長寧河、永寧河、赤水河流域。

〔一二〕百丈山：在名山縣東北六十里。唐武德元年（618）置百丈鎮，貞觀八年（634）升爲縣。名山：一名蒙山，雞棟山，唐李吉甫元和郡縣圖志卷三十二：名山在名山縣西北一十里，縣以此名。百丈山、名山皆産茶，五代毛文錫茶譜言"雅州百丈、名山二者尤佳。"

〔一三〕瀘川：瀘川縣（今四川瀘州），隋大業元年（605）改江陽縣置，爲瀘州州治所在，三年爲瀘川郡治。唐武德元年（618）爲瀘州治。

〔一四〕眉州：西魏始置，隋廢。唐武德二年（619）復置，治通義縣（今四川眉山）。天寶初改爲通義郡，乾元初復爲眉州。轄境相當今四川眉山、彭山、丹棱、青神、洪雅等地。地産茶，五代毛文錫茶譜言其餅茶如蒙頂製法，而散茶葉大而黄，味頗甘苦。

〔一五〕漢州：唐垂拱二年（686）分益州置，治雒縣（今四川廣漢）。轄境相當今四川廣漢、德陽、什邡、綿竹、金堂等地。天寶初改德陽郡，乾元初復爲漢州。

〔一六〕丹稜縣生鐵山者：丹稜縣，隋開皇十三年（593）改洪雅縣置，屬嘉州，唐武德二年（619）屬眉州，治所即在今四川丹稜縣。鐵山：周靖民茶經校注以爲即是大清一統志卷三百九所稱鐵桶山，在丹稜縣東南四十里。

〔一七〕綿竹縣：隋大業二年（606）改孝水縣爲綿竹縣（今屬四川綿竹）。唐武德三年（620）屬濛州，濛州廢，改屬漢州。竹山：應爲綿竹山，又名紫岩山、武都山。明曹學佺蜀中廣記卷九：“（綿竹）縣北三十里紫嵓山，極高大，亦謂之綿竹山，亦謂之武都山。”

浙東〔一〕，以越州〔二〕上，餘姚縣生瀑布泉嶺曰仙茗〔三〕，大者殊異，小者與襄州①同。明州〔四〕、婺州〔五〕次，明州貨縣〔六〕生榆筴村②，婺州東陽縣東白山③與荆州同〔七〕。台州〔八〕下。台州始豐縣④生赤城者〔九〕，與歙州同。

【校記】

① 州：唐宋叢書本作“縣”。

② 貨：欣賞本作“鄮”，四庫本作“鄮”。筴：喻政茶書本作“莢”。

③ 白：原作“自”，竟陵本作“日”，秋水齋本作“目”。按，清嵇曾筠浙江通志卷一〇六引茶經作“東陽縣

東白山與荆州同”，今據改。

④ 台州：原作“始山”，今據竟陵本改。始豐縣：原作“豊縣”，竟陵本作“酆縣”，欣賞本作“曹縣”，今據新唐書卷四一台州唐興縣條及唐會要卷七一台州始豐縣條改。

【注釋】

〔一〕浙東：唐代浙江東道節度使方鎮的簡稱。乾元元年（758）置，治所在越州（今浙江紹興），長期領有越、衢、婺、温、台、明、處七州，轄境相當今浙江省衢江流域、浦陽江流域以東地區。

〔二〕越州：隋大業元年（605）改吴州置，大業間改爲會稽郡，唐武德四年（621）復爲越州，天寶、至德間曾改爲會稽郡，乾元元年（758）復改越州。轄境相當今浙江浦陽江（浦江縣除外）、曹娥江、甬江流域，包括紹興、餘姚、上虞、嵊縣、諸暨、蕭山等地。唐剡溪茶甚著名，產於所屬嵊縣。

〔三〕餘姚縣：秦置，隋廢，唐武德四年（621）復置，爲姚州治，武德七年之後屬越州。瀑布泉嶺：此在餘姚，與茶經四之器“瓢”條下台州瀑布山非一。北宋樂史太平寰宇記卷九六引本條稱“瀑布嶺”。

〔四〕明州：唐開元二十六年（738）分越州置，治鄮縣（今浙江寧波西南鄞江鎮），唐李吉甫元和郡縣圖志卷二十六：“以境内四明山爲名。”轄境相當今浙江寧波、鄞縣、慈溪、奉化等地和舟山群島。天寶初改爲餘姚郡，乾元初復爲明州。長慶元年（821）遷治今寧波。

〔五〕婺州：隋開皇九年（589）分吴州置，大業時改爲東陽郡。唐武德四年（621）復置婺州，治金華（今屬浙江）。轄境相當今浙江金華江流域、及蘭溪、浦江等地。天寶元年（742）改爲東陽郡，乾元元年（758）復爲婺州。地産茶，唐楊曄膳夫經手録記婺州茶與歙州等茶遠銷河南、河北、山西，數千里不絶於道路。

〔六〕貲縣：爲寧波之古稱。秦置縣。大清一統志卷二百二十四："昔海人貿易於此，後加邑從鄮，因以名縣。"隋廢省，唐武德八年（625）復置，屬越州，治今浙江鄞縣西南四十二里鄞江鎮。開元二十六年（738）爲明州治。大曆六年（771）遷治今浙江寧波。五代錢鏐避梁諱，改名鄞縣。

〔七〕東陽縣：今屬浙江。唐垂拱二年（686）析義烏縣置，屬婺州。東白山：明一統志卷四十二："東白山，在東陽縣東北八十里……西有西白山對焉。"東白山産茶，唐李肇唐國史補卷下載"婺州有東白"名茶，清嵇曾筠浙江通志卷一〇六引茶經云："婺州次，東陽縣東白山，與荆州同。"

〔八〕台州：唐武德五年（622）改海州置，治臨海縣（今屬浙江）。以境内天台山爲名。轄境相當今浙江臨海、台州及天台、仙居、寧海、象山、三門、温嶺六縣地。天寶初改臨海郡，乾元初復爲台州。

〔九〕始豐縣：今浙江天台。西晉始置，隋廢。唐武德四年（621）復置，八年又廢。貞觀八年（634）再置，屬台州。以臨始豐水爲名。直至肅宗上元二年（761）始改稱唐興縣。赤城：赤城山，在今浙江天台縣西北。太平御覽卷四一引孔靈符會稽記曰："赤城山，土色皆赤，岩岫連沓，狀似雲霞。"

黔中〔一〕，生思州①〔二〕、播州〔三〕、費州〔四〕、夷州〔五〕。

【校記】

① 思州：原作"恩州"，按恩州在嶺南道，今據新唐書卷四一地理志黔中郡思州條改。下同。

【注釋】

〔一〕黔中：唐開元十五道之一，開元二十一年（733）分江南道西部置。採訪使駐黔州（治重慶彭水）。大致轄今湖北清江中上游、湖南沅江上游，貴州畢節、桐梓、金沙、晴隆等市縣以東，重慶綦江、彭水、黔江，及廣西東蘭、淩雲、西林、南丹等地。

〔二〕思州：黔中道屬州，唐貞觀四年（630）改務州置，天寶初改寧夷郡，乾元初復爲思州。治務川縣（今貴州沿河縣東）。轄境相當今貴州沿河、務川、印江和重慶酉陽等地。

〔三〕播州：黔中道屬州，唐貞觀十三年（639）置，治恭水縣（在今貴州遵義）。北宋樂史太平寰宇記卷一二一："以其地有播川爲名。"轄境相當今貴州遵義、桐梓等地。

〔四〕費州：黔中道屬州，北周始置，唐貞觀十一年（637）時治涪川縣（今貴州思南）。天寶初改爲涪川郡，乾元初復爲費州。轄境相當今貴州德江、思南縣地。

〔五〕夷州：黔中道屬州，唐武德四年（621）置，治綏陽（今貴州鳳岡）。貞觀元年（627）廢，四年復置。轄境相當今貴州鳳岡、綏陽、湄潭等地。

江南〔一〕，生鄂州〔二〕、袁州〔三〕、吉州〔四〕。

【注釋】

〔一〕江南：江南道，唐貞觀十道之一，因在長江之南而名。其轄境相當於今浙江、福建、江西、湖南等省，江蘇、安徽的長江以南地區，以及湖北、重慶、四川長江以南一部分和貴州東北部地區。

〔二〕鄂州：隋始置，後改江夏郡。唐武德四年（621）復爲鄂州，治江夏縣（今湖北武漢武昌城區）。天寶初改爲江夏郡，乾元初復爲鄂州。轄境相當今湖北蒲圻以東，陽新以西，武漢長江以南，幕阜山以北地。地産茶，唐楊曄膳夫經手録説，鄂州茶與蘄州茶、至德茶産量很大，銷往河南、河北、山西等地，茶税倍於浮梁。

〔三〕袁州：隋始置，後改宜春郡。唐武德四年（621）復改袁州，唐李吉甫元和郡縣圖志卷二八："因袁山爲名。"治宜春（今屬江西）。天寶初改爲宜春郡，乾元初復爲袁州。轄境相當今江西萍鄉、新餘以西的袁水流域。地産茶，五代毛文錫茶譜："袁州之界橋（茶），其名甚著。"

〔四〕吉州：唐武德五年（622）改隋廬陵郡置，治廬陵（在今江西吉安）。天寶初改爲廬陵郡，乾元初復爲吉州。轄境相當今江西新幹、泰和間的贛江流域及安福、永新等縣地。

嶺南〔一〕，生福州〔二〕、建州〔三〕、韶州〔四〕、象州〔五〕。福州生閩縣方山之陰也①〔六〕。

其思、播、費、夷、鄂、袁、吉、福、建②、韶、象十一州未詳，往往得之，其味極佳。

【校記】

① 福州生閩縣方山之陰也：原作"福州生閩方山之陰縣也"，今據喻政茶書本改。之：竟陵本作"山"。

② 建：原本於此字下衍一"泉"字，據汪氏本删。

【注釋】

〔一〕嶺南：嶺南道，唐貞觀十道、開元十五道之一，因在五嶺之南得名，採訪使駐南海郡番禺（今廣東廣州）。轄境相當今廣東、廣西、海南三省區，雲南南盤江以南及越南的北部地區。

〔二〕福州：唐開元十三年（725）改閩州置，唐李吉甫元和郡縣圖志卷二十九："因州西北福山爲名"，治閩縣（即今福建福州）。天寶元年（742）改稱長樂郡，乾元元年（758）復稱福州。爲福建節度使治。轄境相當今福建尤溪縣北尤溪口以東的閩江流域和古田、屏南、福安、福鼎等市縣以東地區。新唐書地理志載其土貢茶。

〔三〕建州：唐武德四年（621）置，治建安縣（今福建建甌）。天寶初改建安郡。乾元初復爲建州。轄境相當今福建南平以上的閩江流域（沙溪中上游除外）。地産茶，北宋張舜民畫墁録言："貞元中，常袞爲建州刺史，始蒸焙而碾之，謂研膏茶。"延至唐末，建州北苑茶爲最著，成爲五代南唐和北宋的主要貢茶。

〔四〕韶州：隋始置又廢，唐貞觀元年（627）復改東衡州，"取州北韶石爲名"（唐李吉甫元和郡縣圖志卷三四），治曲江縣（今廣東韶關南武水之西）。天寶初改稱始興郡。乾元初復爲韶州。轄境相當今廣東曲江、翁源、乳源以北地區。

〔五〕象州：隋始置又廢，唐武德四年（621）復置，治今廣西象州縣。天寶初改象山郡。乾元初復爲象州。轄境相當今廣西象州、武宣等縣地。

〔六〕生閩縣方山之陰：閩縣，隋開皇十二年（592）改原豐縣置，初爲泉州、閩州治，開元十三年（725）改爲福州治。天寶初爲長樂郡治，乾元初復爲福州治。方山：在福州閩縣，北宋樂史太平寰宇記卷一〇〇記方山“在州南七十里，周迴一百里，山頂方平，因號方山。”方山産茶，唐李肇唐國史補卷下載“福州有方山之露芽”。

九 之 略

其造具，若方春禁火[一]之時，於野寺山園，叢手而掇①[二]，乃蒸，乃舂，乃拍②，以火乾之，則又棨、撲③、焙、貫、棚④、穿、育等七事皆廢[三]。

其煮器，若松間石上可坐，則具列廢。用槁薪、鼎鑩⑤[四]之屬，則風爐、灰承、炭檛、火筴⑥、交床等廢。若瞰泉臨澗⑦，則水方、滌方、漉水囊廢。若五人已下，茶可末⑧而精者[五]，則羅合⑨廢。若援藟[六]躋嵓，引絙[七]入洞，於山口炙而末之，或紙包合貯，則碾、拂末等廢。既瓢、盌、竹筴⑩、札、熟盂、鹺⑪簋悉以一筥盛之，則都籃廢。

但城邑之中，王公之門，二十四器[八]闕一，則茶廢矣。

【校記】

① 掇：原作“椺”，今據竟陵本改。

② 拍：原本爲墨丁，秋水齋本作“煬”，益王涵素本作“規”，欣賞本作“復”，儀鴻堂本作“炙”，今據竹素園本改。

③ 撲：原作“樸”，今據竟陵本改。

④ 棚：原作“相”，今據竟陵本改。

⑤ 鏖：原作“榧”，以義改。

⑥ 筴：儀鴻堂本作“夾”。

⑦ 澗：儀鴻堂本作“淵”。

⑧ 末：竟陵本作“味”。

⑨ 合：原脱，今據涵芬樓本補。

⑩ 竹：原脱，據上文四之器竹筴條補。筴：儀鴻堂本作“夾”。

⑪ 鹺：原作“醝”，今據秋水齋本改。

【注釋】

〔一〕禁火：即寒食節，清明節前一日或二日，舊俗以寒食節禁火冷食。

〔二〕叢手而掇：聚衆手一起採摘茶葉。説文：“叢，聚也。”

〔三〕廢：棄置不用。

〔四〕鏖：同“鬲”，集韻錫韻：“鬲，説文：‘鼎屬。’或作鏖。”鏖形狀同鼎，有三足，可直接在其下生火，而不需爐竈。

〔五〕茶可末而精者：茶可以研磨得比較精細。

〔六〕藟（lěi 磊）：藤。廣雅：“藟，藤也。”

〔七〕絚（gēng 庚）：粗繩，與“綆”通。

〔八〕二十四器：此處言二十四器，但在四之器中包括附屬器共列出了二十九種。（羅與合應計爲二種，實爲三十種。）詳見本書四之器注。

十 之 圖[一]

以絹素或四幅或六幅[二]，分布寫之，陳諸座隅，則茶之源、之具、之造、之器、之煮、之飲、之事、之出、之略目擊而存，於是茶經之始終備焉。

【注釋】

〔一〕十之圖：圖寫張掛，不是專門有圖。四庫全書總目："其曰圖者，乃謂統上九類寫絹素張之，非别有圖，其類十，其文實九也。"

〔二〕絹素：素色絲絹。幅：按唐令規定，綢織物一幅是一尺八寸。

附録一：陸羽傳記

一　宋李昉等編文苑英華卷七九三陸文學自傳

陸子，名羽，字鴻漸，不知何許人也。或云字羽名鴻漸，未知孰是。有仲宣、孟陽之貌陋，相如、子雲之口吃，而爲人才辯，爲性褊躁，多自用意，朋友規諫，豁然不惑。凡與人宴處，意有所適一作擇，不言而去，人或疑之，謂生多瞋。又與人爲信，縱冰雪千里，虎狼當道，而不諐也。

上元初，結廬於苕溪[①]之湄，閉關讀書，不雜非類，名僧高士，談讌永日。常扁舟往來山寺，隨身唯紗巾、藤鞵、短褐、犢鼻。往往獨行野中，誦佛經，吟古詩，杖擊林木，手弄流水，夷猶徘徊，自曙達暮，至日黑興盡，號泣而歸。故楚人相謂，陸子蓋今之接輿也。

始三歲一作載惸露，育於竟陵大師積公之禪院[②]。自九

---

① 苕：原作“茗”，今據全唐文卷四三三改。

② 院：原脱，今據全唐文補。

歲學屬文，積公示以佛書出世之業。子答曰："終鮮兄弟，無復後嗣，染衣削髮，號爲釋氏，使儒者聞之，得稱爲孝乎？羽將授孔聖之文。"公曰："善哉！子爲孝，殊不知西方染削之道，其名大矣。"公執釋典不屈，子執儒典不屈。公因矯憐撫愛，歷試賤務，掃寺地，潔僧廁，踐泥圬牆，負瓦施屋，牧牛一百二十蹄。

竟陵西湖無紙，學書以竹畫牛背爲字。他日於學者得張衡南都賦，不識其字，但於牧所倣青衿小兒，危坐展卷，口動而已。公知之，恐漸漬外典，去道日曠，又束於寺中，令芟剪卉莽，以門人之伯主焉。或時心記文字，懵然若有所遺，灰心木立，過日不作，主者以爲慵墮，鞭之。因歎云："恐歲月往矣，不知其書"，嗚呼不自勝。主者以爲蓄怒，又鞭其背，折其楚乃釋。因倦所役，捨主者而去。卷衣詣伶黨，著謔談三篇，以身爲伶正，弄木人、假吏、藏珠之戲。公追之曰："念爾道喪，惜哉！吾本師有言：我弟子十二時中，許一時外學，令降伏外道也。以吾門人衆多，今從爾所欲，可捐樂工書。"

天寶中，郢人酺於滄浪，邑吏召子爲伶正之師。時河南尹李公齊物黜守，見異，提手撫背，親授詩集，於是漢沔[1]之俗亦異焉。後負書於火門山鄒夫子別墅，屬禮部郎中崔公國輔出守[2]竟陵，因與之遊處，凡三年。贈白驢烏幇一

① 沔：原作"汙"，今據全唐文改。

② 守：原脱，今據全唐文補。

作犁，下同。牛一頭，文槐書函一枚。“白驢犎牛，襄陽太守李憕一云澄，一云棖。見遺，文槐函，故盧黄門侍郎所與。此物皆己之所惜也。宜野人乘蓄，故特以相贈。”

洎至德初，秦[①]人過江，子亦過江，與吴興釋皎然爲緇素忘年之交。少好屬文，多所諷諭。見人爲善，若己有之；見人不善，若己羞之。忠言逆耳，無所迴避，繇是俗人多忌之。

自禄山亂中原，爲四悲詩，劉展窺江淮，作天之未明賦，皆見感激，當時行哭涕泗。著君臣契三卷，源解三十卷，江表四姓譜八卷，南北人物志十卷，吴興歷官記三卷，湖州刺史記一卷，茶經三卷，占夢上、中、下三卷，並貯於褐布囊。

上元年辛丑歲子陽秋二十有九日。[②]

二　宋歐陽修、宋祁撰新唐書卷一九六陸羽傳

陸羽，字鴻漸，一名疾，字季疵，復州竟陵人，不知所生，或言有僧得諸水濱，畜之。既長，以易自筮，得“蹇”之“漸”，曰：“鴻漸于陸，其羽可用爲儀”，乃以陸爲氏，名而字之。

幼時，其師教以旁行書，答曰：“終鮮兄弟，而絶後

---

① 秦：原作“泰”，並有注曰：“一作秦”。今據小注及全唐文改。

② 上元年辛丑歲子陽秋二十有九日：全唐文作“上元辛丑歲，子陽秋二十有九”。

嗣，得爲孝乎？”師怒，使執糞除汚塓以苦之，又使牧牛三十，羽潛以竹畫牛背爲字。得張衡南都賦不能讀，危坐效群兒囁嚅，若成誦狀，師拘之，令薙草莽。當其記文字，懵懵若有所遺，過日不作，主者鞭苦，因歎曰：“歲月往矣，奈何不知書！”嗚咽不自勝，因亡去，匿爲優人，作詼諧數千言。

天寶中，州人酺，吏署羽伶師，太守李齊物見，異之，授以書，遂廬火門山。

貌侻陋，口吃而辯。聞人善，若在己，見有過者，規切至忤人，朋友燕處，意有所行輒去，人疑其多嗔。與人期，雨雪虎狼不避也。

上元初，更隱苕溪，自稱桑苧翁，闔門著書。或獨行野中，誦詩擊木，裴回不得意，或慟哭而歸，故時謂今接輿也。久之，詔拜羽太子文學，徙太常寺太祝，不就職。貞元末，卒。

羽嗜茶，著經三篇，言茶之原、之法、之具尤備，天下益知飲茶矣。時鬻茶者，至陶羽形置煬突間，祀爲茶神。有常伯熊者，因羽論復廣著茶之功。御史大夫李季卿宣慰江南，次臨淮，知伯熊善煮茶，召之，伯熊執器前，季卿爲再舉杯。至江南，又有薦羽者，召之，羽衣野服，挈具而入，季卿不爲禮，羽愧之，更著毀茶論。

其後，尚茶成風，時回紇入朝，始驅馬市茶。

三　元辛文房撰唐才子傳卷三陸羽

羽，字鴻漸，不知所生。初，竟陵禪師智積得嬰兒於水濱，育爲弟子。及長，恥從削髮，以易自筮，得“蹇”之“漸”曰：“鴻漸于陸，其羽可用爲儀。”始爲姓名。有學，愧一事不盡其妙。性詼諧。少年匿優人中，撰談笑萬言。天寶間，署羽伶師，後遁去。古人謂潔其行而穢其跡者也。上元初，結廬苕溪上，閉門讀書。名僧高士，談讌終日。貌寢，口吃而辯，聞人善若在己，與人期，雖阻虎狼不避也。自稱桑貯翁，又號東崗子。工古調歌詩，興極閒雅，著書甚多。扁舟往來山寺，唯紗巾、藤鞋、短褐、犢鼻，擊林木，弄流水。或行曠野中，誦古詩，裴回至月黑，興盡慟哭而返。當時以比接輿也。與皎然上人爲忘言之交。有詔拜太子文學。羽嗜茶，造妙理，著茶經三卷，言茶之原、之法、之具，時號“茶仙”，天下益知飲茶矣。鬻茶家以瓷陶羽形，祀爲神，買十茶器，得一“鴻漸”。初，御使大夫李季卿宣慰江南，喜茶，知羽，召之，羽野服挈具而入。李曰：“陸君善茶，天下所知。揚子中泠，水又殊絕。今二妙千載一遇，山人不可輕失也。”茶畢，命奴子與錢，羽愧之，更著毀茶論。與皇甫補闕善，時鮑尚書防在越，羽往依焉。冉送以序曰：“君子究孔、釋之名理，窮歌詩之麗則。遠墅孤島，通舟必行；魚梁釣磯，隨意而往。夫越地稱山水之鄉，轅門當節鉞之重。鮑侯知子愛子者，將解衣推食，豈徒嘗鏡水之魚，宿耶溪之月而已！”集並茶經今傳。

四　唐李肇撰唐國史補卷中陸羽得姓氏

竟陵有僧于水濱得嬰兒者，育爲弟子，稍長，自筮得蹇之漸，繇曰：“鴻漸于陸，其羽可用爲儀”，乃令姓陸名羽，字鴻漸。羽有文學，多意思，恥一物不盡其妙，茶術尤著。鞏縣陶者多爲甆偶人，號陸鴻漸，買數十茶器得一鴻漸，市人沽茗不利，輒灌注之。羽於江湖稱竟陵子，于南越稱桑苧翁。與顔魯公厚善，及玄真子張志和爲友。羽少事竟陵禪師智積，異日他處聞禪師去世，哭之甚哀，乃作詩寄情，其略曰：“不羨白玉盞，不羨黄金罍。亦不羨朝入省，亦不羨暮入臺。千羨萬羨西江水，竟向竟陵城下來。”貞元末卒。

五　唐趙璘撰因話録卷三商部下

太子陸文學鴻漸，名羽。其先不知何許人，竟陵龍蓋寺僧姓陸，於堤上得一初生兒，收育之。遂以陸爲氏。及長，聰俊多能，學贍辭逸，詼諧縱辯，蓋東方曼倩之儔。與余外祖户曹府君外族柳氏，外祖洪府户曹，諱澹，字中庸，别有傳。交契深至，外祖有牋事狀，陸君所撰。性嗜茶，始創煎茶法。至今鬻茶之家陶爲其像，置於煬器之間，云宜茶足利。余幼年尚記識一復州老僧，是陸僧弟子，常諷其歌云：

“不羡黄金罍，不羡白玉杯。不羡朝入省，不羡暮入臺。千羡萬羡西江水，曾向竟陵城下來。”又有追感陸僧詩至多。

六　宋李昉等編太平廣記卷二〇一陸鴻漸

太子文學陸鴻漸，名羽。其生不知何許人。竟陵龍蓋寺僧姓陸，於堤上得一初生兒，收育之，遂以陸爲氏。及長，聰俊多聞，學贍辭逸，恢諧談辯，若東方曼倩之儔。鴻漸性嗜茶，始創煎茶法。至今鬻茶之家，陶爲其像，置於錫器之間，云宜茶足利。至太和，復州有一老僧，云是陸生弟子，常諷歌云：“不羡黄金罍，不羡白玉杯，不羡朝入省，不羡暮入臺，唯羡西江水，曾向竟陵城下來。”鴻漸又撰茶經二卷，行於代。今爲鴻漸形者，因目爲茶神，有交易則茶祭之，無以釜湯沃之。出傳載（按，即大唐傳載）。

七　宋計有功撰唐詩紀事卷四〇陸鴻漸

太子文學陸鴻漸，名羽，其先不知何許人。景陵龍蓋寺僧姓陸，於堤上得初生兒，收育之，遂以陸爲氏。及長，聰俊多聞，學贍辭逸，恢諧辨捷。性嗜茶，始創煎茶法，至今鬻茶之家，陶爲其像，置於煬器之間，云宜茶足利。至大和中，復州有一老僧，云是陸僧弟子，常諷其歌云：“不羡黄金罍，不羡白玉杯，不羡朝入省，不羡暮入臺。唯羡西江水，長向竟陵城下來。”鴻漸又撰茶經三卷，行於代。今爲鴻漸形，因目爲茶神。有售則祭之，無則以釜湯沃之。

附録二：歷代茶經序跋贊論[1]

一　唐皮日休茶中雜詠序

案周禮酒正之職辨四飲之物，其三曰漿，又漿人之職，供王之六飲，水、漿、醴、涼、醫、酏，入於酒府。鄭司農云：以水和酒也。蓋當時人率以酒醴爲飲，謂乎六漿，酒之醨者也，何得姬公製？爾雅云：檟，苦荼。即不擷而飲之，豈聖人之純於用乎？草木之濟人，取捨有時也。

自周以降及于國朝茶事，竟陵子陸季疵言之詳矣。然季疵以前，稱茗飲者，必渾以烹之，與夫瀹蔬而啜者無異

---

① 程光裕著録八種：1、皮日休序，2、陳師道序，3、陳文燭序，4、王寅序，5、李維楨序，6、張睿卿跋，7、童承叙跋，8、魯彭序。張宏庸著録十四種而文闕最後二種：1、皮日休序，2、陳師道序，3、魯彭序，4、李維楨序，5、徐同氣序，6、王寅序，7、陳文燭序，8、曾元邁序，9、常樂序，10、童承叙跋，11、童內方與夢野論茶經書，12、吴旦書茶經後，13、張睿卿跋，14、新明跋。共計十七種。

也。季疵之始爲經三卷，繇是分其源，製其具，教其造，設其器，命其煮，俾飲之者，除痟而去癘，雖疾醫之，不若也。其爲利也，於人豈小哉！

余始得季疵書，以爲備矣。後又獲其顧渚山記二篇，其中多茶事；後又太原温從雲、武威段碣之各補茶事十數節，並存於方册。茶之事，繇周至于今，竟無纖遺矣。

昔晉杜育有荈賦，季疵有茶歌，余缺然於懷者，謂有其具而不形於詩，亦季疵之餘恨也。遂爲十詠，寄天隨子。

（松陵集卷四）

二　宋陳師道茶經序

陸羽茶經，家傳一卷，畢氏、王氏書三卷，張氏書四卷，内外書十有一卷。其文繁簡不同，王、畢氏書繁雜，意其舊文；張氏書簡明與家書合，而多脱誤；家書近古，可考正，自七之事，其下亡。乃合三書以成之，録爲二篇，藏於家。

夫茶之著書自羽始，其用於世亦自羽始，羽誠有功於茶者也。上自宫省，下迨邑里，外及戎夷蠻狄，賓祀燕享，預陳於前，山澤以成市，商賈以起家，又有功於人者也，可謂智矣。

經曰："茶之否臧，存之口訣。"則書之所載，猶其粗也。夫茶之爲藝下矣，至其精微，書有不盡，況天下之至理，而欲求之文字紙墨之間，其有得乎？

昔先王因人而教，同欲而治，凡有益於人者，皆不廢也。世人之說，曰先王詩書道德而已，此乃世外執方之論，枯槁自守之行，不可群天下而居也。史稱羽持具飲李季卿，季卿不爲賓主，又著論以毁之。夫藝者，君子有之，德成而後及，乃所以同於民也。不務本而趨末，故業成而下也。學者謹之！

（後山集卷一一。按：四庫本文有脱誤，參校竟陵本茶經附録，不備注。）

三　明魯彭刻茶經叙

粤昔己亥，上南狩郢，置荆西道。無何，上以監察御史青陽柯公來涖厥職。越明年，百廢修舉，迺觀風竟陵，訪唐處士陸羽故處龍蓋寺。公喟然曰："昔桑苧翁名於唐，足迹遍天下，誰謂其産兹土耶！"因慨茶井失所在，迺即今井亭而存其故，已復構亭其北，曰茶亭焉。他日，公再往索羽所著茶經三篇，僧真清者，業録而謀梓也，獻焉。公曰："嗟，井亭矣！而經可無刻乎？"遂命刻諸寺。夫茶之爲經，要矣，行於世，膾炙千古。迺今見之百川學海集中，兹復刻者，便覽爾，刻於竟陵者，表羽之爲竟陵人也。

按羽生甚異，類令尹子文，人謂子文賢而仕，羽雖賢，卒以不仕。又謂楚之生賢大類后稷云。今觀茶經三篇，其大都曰源、曰具、曰造、曰飲之類，則固具體用之學者。

其曰“伊公羹，陸氏茶”，取而比之，寔以自況，所謂易地皆然者，非歟？向使羽就文學、太祝之召，誰謂其事不伊且稷也！而卒以不仕，何哉？昔人有自謂不堪流俗，非薄湯武者，羽之意，豈亦以是乎？厥後茗飲之風行於中外，而回紇亦以馬易茶，由宋迄今，大爲邊助，則羽之功固在萬世，仕不仕奚足論也！

或曰酒之用視茶爲要，故北山亦有酒經三篇，曰酒始諸祀，然而妹也已有酒禍，惟茶不爲敗，故其既也酒經不傳焉。

羽器業顛末，具見於傳。其水味品鑒優劣之辨，又互見於張、歐浮槎等記，則並附之經，故不贅。僧真清，新安之歙人，嘗新其寺，以嗜茶，故業茶經云。

皇明嘉靖二十一年，歲在壬寅秋重九日，景陵後學魯彭叙。

（明嘉靖二十一年柯雙華竟陵本茶經卷首）

四　明陳文燭茶經序

先通奉公論吾沔人物，首陸鴻漸，蓋有味乎茶經也。夫茗久服，令人有力悦志，見神農食經，而曇濟道人與子尚設茗八公山中，以爲甘露，是茶用於古，羽神而明之耳。人莫不飲食也，鮮能知味也。稷樹藝五穀而天下知食，羽辨水煮茶而天下知飲，羽之功不在稷下，雖與稷並祠可也。及讀自傳，清風隱隱起四座，所著君臣契等書，不行於世，豈自悲遇不禹稷若哉！竊謂禹稷、陸羽，易地則皆然。昔之刻茶經、作郡志者，豈未見兹篇耶？今刻於經首，次六羨歌，則羽之品流概見矣。玉山程孟孺善書法，書茶經刻焉，王孫貞吉繪茶具，校之者，余與郭次甫。結夏金山寺，飲中泠第一泉。

明萬曆戊子夏日，郡後學陳文燭玉叔撰。

（明程福生竹素園本茶經刻序）

五　明王寅茶經序

茶未得載於禹貢、周禮而得載於本草，載非神農，至唐始得附入之。陸羽著茶經三篇，故人多知飲茶，而茶之名爲益顯。

噫！人之嗜各有所好也，而好由於性若之。好茶者難以悉數，必其人之泊澹玄素者而茶迺好，不啻于金莖玉露羹之，以其性與茶類也。好肥甘而溺腥羶者，不知茶之爲何物，以其性與茶異也。

茶經失而不傳久矣，幸而羽之龍蓋寺尚有遺經焉，迺寺僧真清所手録也。吾郡倜儻生孫伯符者，博雅士也，每有茶癖，以爲作聖迺始于羽，而使遺經不傳，亦大雅之罪人也。迺撿齋頭藏本，仍附茶具圖贊全梓以傳，用視海内好事君子。噫！若伯符者，可謂有功於茶而能振羽之流風矣。又以經不□於茶之所産、水之所品而已，至於時用，或有未備而多不合，再采茶譜兼集唐宋篇什切于今人日用者，合爲一編，付諸梓。人毋論其詣，即意致足嘉也。由是古今製作之法，悉得考見於千載之下，其爲幸於後來，不亦大哉！

予性好茶爲獨甚，每咲盧仝七盌不能任，而以大盧君自號，以貶仝。今已買山南原而種茶以終老。伯符當弱冠亦好茶而同于予，又能表而出之，其嗜好亦可謂精博矣。伯符于予有交道也，故以其序請之于予。倜儻生迺予知伯符而贈者，予故樂聞不辭而序諸首簡。

萬曆戊子年七夕，十嶽山人王寅撰併書。

（明孫大綬秋水齋本茶經刻序）

六　明徐同氣茶經序

余曾以屈、陸二子之書付諸梓，而毀於燹，計再有事。而屈，郡人。陸，里人也，故先鐫茶經。

客曰："子之於茶經奚取？"曰："取其文而已。陸子之文，奥質奇離，有似貨殖傳者，有似考工記者，有似周王傳者，有似山海、方輿諸記者。其簡而賅，則檀弓也。其辨而纖，則爾雅也。亦似之而已，如是以爲文，而能無取乎？"

客曰："其文遂可爲經乎？"曰："經者，以言乎其常也，水以源之盈竭而變，泉以土脈之甘澀而變，瓷以壤之脆堅、焰之浮燼而變，器以時代之刓削、事工之巧利而變，其騖之爲經者，亦以其文而已。"

客曰：“陸子之文，如君臣契、源解、南北人物志及四悲歌、天之未明賦諸書，而蔽之以茶經，何哉?”曰：“諸書或多感憤，列之經傳者，猶有猳冠、傖父氣。茶經則雜於方技，迫於物理，肆而不厭，傲而不忤，陸子終古以此顯，足矣。”

客曰：“引經以繩茶，可乎?”曰：“凡經者，可例百世，而不可繩一時者也。孔子作春秋，七十子惟口授傳其旨，故經曰：‘茶之臧否，存之口訣’，則書之所載，猶其粗者也。抑取其文而已。”

客曰：“文則美矣，何取於茶乎?”曰：“茶何所不取乎?神農取其悦志，周公取其解酲，華佗取其益意，壺居士取其羽化，巴東人取其不眠，而不可概於經也。陸子之經，陸子之文也。”

（清葛振元、楊鉅纂修光緒沔陽州志卷一一藝文序）

七　明樂元聲茶引

余漫昧不辨淄澠，浮慕竟陵氏之爲人。已而得茗溪編有欣賞備茶事圖記，致足觀也。余惟作聖乃始季疵，獨其遺經不多行於世，博雅君子蹤跡之無繇也。齋頭藏本，每置席間，津津有味不能去。竊不自揣，新之梓，人敢曰附臭味於達者，用以傳諸好事云爾。

檇李長水縣樂元聲書。

（明樂元聲倚雲閣本茶經刻序）

八　明李維楨茶經序

温陵林明甫，治邑之三年，政通人和。討求邑故實而表章之，於唐得處士陸鴻漸，井泉無恙，而茶經漶滅不可讀，取善本復校，鍥諸梓，而不佞楨爲之序。

蓋茶名見於爾雅，而神農食經、華佗食論、壺居士食忌、桐君及陶弘景録、魏王花木志胥載之，然不專茶也。晉杜育荈賦、唐顧況茶論，然不稱經也。韓翃謝茶啓云：吴主禮賢置茗，晉人愛客分茶，其時賜已千五百串。常魯使西番，番人以諸方産示之，茶之用已廣，然不居功也。其筆諸書，尊爲經而人又以功歸之，實自鴻漸始。

夫揚子雲、王文中一代大儒，法言中説，自可鼓吹六經，而以擬經之故，爲世詬病。鴻漸品茶小技，與六經相提而論，安得人無異議？故溺其好者，謂“窮春秋，演河圖，不如載茗一車”。稱引並於禹稷。而鄙其事者，使與傭保雜作，不具賓主禮。氾論訓曰：“伯成子高辭諸侯而耕，天下高之。”今之時，辭官而隱處爲鄉邑下，於古爲義，於今爲笑矣，豈可同哉。鴻漸混迹牧豎優伶，不就文學、太祝之拜，自以爲高者，難爲俗人言也。

所著君臣契三卷，源解三十卷，江表四姓譜十卷，南北人物志十卷，占夢三卷，不盡傳，而獨傳茶經，豈以他書人所時有，此爲觭長，易於取名，如承蜩、養雞、解牛、飛鳶、弄丸、削鐻之屬，驚世駭俗耶？李季卿直技視之，能無辱乎哉！無論季卿，曾明仲隱逸傳且不收矣。費袞云：鞏縣有瓷偶人，號陸鴻漸，市沽茗不利，輒灌注之，以爲偏好者戒。李石云：鴻漸爲茶論並煎炙法，常伯熊廣之，飲茶過度，遂患風氣，北人飲者，多腰疾偏死。是無論儒流，即小人且多求矣。後鴻漸而同姓魯望嗜茶，置園顧渚山下，歲收租，自判品第，不聞以技取辱。

鴻漸問張子同："孰爲往來？"子同曰："大虛爲室，明月爲燭，與四海諸公共處，未嘗稍别，何有往來？"兩人皆以隱名，曾無尤悔。僧晝對鴻漸，使有宣尼博識，胥臣多聞，終日目前，矜道侈義，適足以伐其性。豈若松巖雲月，禪坐相偶，無言而道合，志静而性同。吾將入杼山矣，遂束所著燬之。度鴻漸不勝伎倆磊塊，沾沾自喜，意奮氣揚，體大節疏，彼夫外飾邊幅，内設城府，寧見客耶？聖人無名，得時則澤及天下，不知誰氏。非時則自埋於名，自藏於畔，生無爵，死無謚。有名則愛憎、是非、雌雄片合紛起。鴻漸殆以名誨詬耶？雖然牧豎優伶，可與浮沈，復何嫌於傭保？古人玩世不恭，不失爲聖，鴻漸有執以成名，亦寄傲耳！宋子京言，放利之徒，假隱自名，以詭禄仕，肩摩於道，終南嵩山，仕途捷徑。如鴻漸輩各保其素，可貴慕也。

太史公曰：富貴而名磨滅，不可勝數，惟俶儻非常之人稱焉。鴻漸窮厄終身，而遺書遺迹，百世之下寶愛之，以爲山川邑里重，其風足以廉頑立懦，胡可少哉！夫酒食禽魚，博塞樗蒲，諸名經者夥矣，茶之有經也，奚怪焉！

（民國西塔寺本茶經卷首附刻舊序。按：明萬曆喻政茶書卷首亦附刻有此序，清徐國相、宮夢仁纂修康熙湖廣通志卷六二藝文序亦收録此序，然皆有簡脱，故據西塔寺本。並參校其他二種，不備注。）

九　清曾元邁茶經序

人生最切於日用者有二：曰飲，曰食。自炎帝製耒耜，后稷教稼穡，烝民乃粒，萬世永賴，無俟覼縷矣。惟飲之爲道，酒正著於周禮，茶事詳於季疵。然禹惡旨酒，先王避酒禍，我皇上萬言諭曰：酒之爲物，能亂人心志，求其所以除痟去癘，風生兩腋者，莫韻於茶。茶之事其來已舊，而茶之著書始於吾竟陵陸子，其利用於世亦始於陸子。由唐迄今，無論賓祀燕饗、宮省邑里、荒陬窮谷，膾炙千古。逮茗飲之風行於中外，而回紇亦以馬易茶，大爲邊助。不有陸子品鑒水味，爲之分其源、製其具、教其造與飲之類，神而明之，筆之於書而尊爲經，後之人烏從而飲其和哉！

余性嗜茶，喜吾友王子閑園宅枕西湖，其所築儀鴻堂竹木陰森，與桑苧舊趾相望。月夕花晨，余每過從，賞析之餘，常以西塔爲遺懷之地，或把袂偕往，或放舟同濟，汲泉煎茶，與之共酌。於茶醉亭之上，憑弔季疵當年，披閱所著茶經，穆然想見其爲人。昔人謂其功不稷下，其信然與！邇時余即忻然相訂有重刻茶經之約，而貲斧難辦。厥後予以一官匏繫金臺，今秋奉命典試江南，復蒙恩旨歸籍省覲，得與王子焚香煮茗，共話十餘載離緒。王子出平昔考訂音韻、正其差譌、親手楷書茶經一帙示余，欲重刻以廣其傳，而問序於余。余肅然曰，茶經之刻，嚮來每多脱誤，且漶滅不可讀，余甚憾之。非吾子好學深思，留心風雅韻事，何能周悉詳核至此。亟宜授之梓人，公諸天下，後世豈不使茗飲遠勝於酒，而與食並重之，爲最切於日用者哉！同人聞之，應無不樂勷盛事，以誌不朽者。是爲序。

雍正四年歲次丙午仲冬月之既望日。

（清儀鴻堂本茶經刻序）

十　民國常樂重刻陸子茶經序

邑之勝在西湖，西湖之勝在西塔寺，寺藏菰蘆、楊柳、芙蓉中，境邃且幽焉。寺東桑苧廬，陸子舊宅，野竹蕭森，莓苔蝕地，幽爲尤最也，遊者無不憩，憩者無不問茶經。經續刻自道光元年附邑志，志無存，經豈得見乎？

予雖緇流，性好書。每載酒從西江逋叟七十七歲源老遊，語及茶經，叟曰：“讀書須識字，爾雅：‘檟，苦荼。’檟即茗，荼音戈奢反，古正字，其作茶者俗也，釋文可證也。字改於唐開元時，衛包聖經猶誤，況陸子書。‘艸木並’一語，疑後人竄入，議者歸獄，季疵冤矣。”予心慨然，遂欲有茶經之刻。叟曰：“刻必校，經無善本，校奚從？注復不佳，儀鴻堂更譾陋。”予曰：“予校其知者，然竊有説也。佛法廣大，予不能無界限；佛空諸相，予不能無鑒别。王刻附諸茶事與詩，松陵唱和，朱存理十二先生題詞，與陸子何干？予心必乙之。予傳陸子，不傳無干於陸子者。予生長西湖，將老於西湖，知陸子而已。”叟曰：“是也”。校成，徧質諸宿老名士，皆以爲可。遂石印而傳之。

時去道光辛巳已九十九年，歲在己未，仲秋吉日，竟陵西塔寺住持僧常樂序。

（民國西塔寺本茶經刻序）

十一　明童承叙陸羽贊

余嘗過竟陵，憩羽故寺，訪雁橋，觀茶井，慨然想見其爲人。少厭髡緇，篤嗜墳索，本非忘世者。卒乃寄號桑苧，遁蹤苕溪，嘯歌獨行，繼以慟哭，其意必有所在，乃比之接輿，豈知羽者哉！至其惟甘茗荈，味辨淄澠，清風雅趣，膾炙古今。張顛之於酒也，昌黎以爲有所託而逃，羽亦以爲夫！

（明嘉靖二十一年柯雙華竟陵本茶經附茶經本傳）

十二　明童承叙童内方與夢野論茶經書

十二日承叙再拜言，比歸，兩枉道從，既多簡略，日苦塵務，又缺趨候，愧罪如何。叙潦倒蹇拙，自分與林澤相宜，頃修舊廬、買新畬，日事農圃，已遣人持疏入告矣。天下且多事，惟望公等蚤出，共濟時艱耳！不盡，不盡。茶經刻良佳，尊序尤典覈，叙所校本大都相同，惟唐皮公日休、宋陳公師道俱有序，兹令兒子抄奉，若再刻之於前，亦足重此書也。天下之善政不必己出，叙可以無梓矣。暇日令人持紙來印百餘部如何？匆匆不多具。

（明嘉靖二十一年柯雙華竟陵本茶經之茶經外集附）

十三　明汪可立茶經後序

侍御青陽柯公雙華，莅荆西道之三年，化行政洽，乃訪先賢遺逸而追崇之。巡行所至郡邑，至景陵之西禪寺，問陸羽茶經，時僧真清類寫成册以進，屬校讎于余。將完，柯公又來命修茶亭。噫！千載嘉會也。按陸羽之生也，其事類后稷之於稼穡，羽之於茶，是皆有相之道存乎我者也。后稷教民稼穡，至周武王有天下，萬世賴粒食者，春之祈，秋之報，至今祀不衰矣。夫飲猶食也，陸之烈猶稷也。不千餘年遺跡堙滅，其茶經僅存諸殘編斷簡中，是不可慨哉！及考諸經，爲目凡十，其要則品水土之宜，利器用之備，嚴採造之法，酌煮飲之節，務聚其精腴歆美，以致其雋永焉。其味於茶也，不既深乎？矧乃文字類古拙而實細膩，類質殼而實華腴，蓋得之性成者不誣，是可以弗傳耶？余聞昔之鬻茶者陶陸羽形，祀之爲茶神，是亦祀稷之遺意耳。何今之不爾也？雖然道有顯晦，待人而彰，斯理之在人心不死有如此者。柯公茶經之問、茶亭之樹，豈偶然之故哉？今經既壽諸梓，又得儒先之論，名史之贊，群哲之聲詩，彙集而彰厥美焉。要皆好德之彝有不容默默焉者也，予敢自附同志之末云。

嘉靖壬寅冬十月朔，祁邑芝山汪可立書。

（明嘉靖二十一年柯雙華竟陵本茶經）

十四　明吴旦茶經跋

予聞陸羽著茶經舊矣，惜未之見。客景陵，於龍蓋寺僧真清處見之，三復披閱，大有益於人。欲刻之而力未逮。迺率同志程子伯容，共壽諸梓，以公於天下，使冀之者無遺憾焉。刻完敬叙數語，紀歲節於末簡。

嘉靖壬寅歲一陽節望日，新安縣令後學吴旦識。

（明嘉靖二十一年柯雙華竟陵本茶經）

十五　明張睿卿茶經跋

余嘗讀東坡汲江煎茶詩，愛其得鴻漸風味，再讀孫山人太初夜起煮茶詩，又愛其得東坡風味。試於二詩三詠之，兩腋風生，雲霞泉石，磊塊胸次矣。要之不越鴻漸茶經中。經舊刻入百川學海。竟陵龍蓋寺有茶井在焉，寺僧真清嗜茶，復掇張、歐浮槎等記並唐宋題詠附刻於經。但學海刻非全本，而竟陵本更煩穢，余故删次雕於埒參軒。時於松風竹月，宴坐行吟，眠雲吸花，清譚展卷，興自不減東坡、太初，奚止“六腑睡神去，數朝詩思清”哉！以茶侣者，當以余言解頤。

西吴張睿卿書。

（明萬曆喻政茶書著録茶經跋）

十六　清徐篁茶經跋

茶何以經乎？曰：聞諸余先子矣。先子於楚産得屈子之騷、陸子之茶、杜陵之詩、周元公之太極。騷也、茶也而經矣，杜詩則史也，太極則圖也。古人視圖、史猶剌經也。河洛奥府，圖也，尚書、春秋，史也。太玄中說：“何經之有？”則僭矣。雖然，禽也、宅相也、水也、山海也、六博也，皆經矣。經者，常也，即物命則爲後起之不能易耳。夫茶也，荼也，檟也，古無以别，則神農不識其名矣。衣之有木綿也，穀之有占粒也，皆季世耳。茶之減價，自君謨始。抑茶爲南方之嘉木，古中國北地將漿醫之飲，無挈瓶專官者耶？陸子，竟陵人，故邑人如魯孝廉、陳太理、李宗伯皆爲之立說。近人鍾學使、譚徵君曾無所發明，豈亦如皮日休怪其不形於詩乎？陸子豈不能詩？以技掩耳。兩先生吾鄉篤行君子，而以詩掩其行。詩亦技耳！余因先子有未就讀陸子四悲詩而謹誌焉。

（康熙七年景陵縣志卷十二雜録）

十七　民國新明茶經跋

茶經之刻，今傳陸子也，而陸子不待今始傳其校字也。人疑師藉陸子傳也，而師不欲傳，亦不知陸子可假藉也。其俽使成事也，逋叟也，而逋叟老益落落，亦無所用其傳。

四大皆空，彩雲忽見。因念陸子當日，非僧非俗，亦僧亦俗，無僧相，亦無無僧相，無俗相，亦無無俗相。師於陸子，無處士相，亦無無處士相。逋叟於師，無和尚相，亦無無和尚相。僧於逋叟，無佚老相，亦無無佚老相。如諸菩薩天，鏡亦無鏡，花亦無花，水亦無水，月亦無月，無一毫思議，無一毫罣礙，何等通明，何等自在。一切僧衆，師叔常福，莫不合掌誦曰：善哉！善哉！如是！如是！即茶之經亦當粉碎，虛空杳杳冥冥，而不儘然也。茶之有經，無翼無脛，不飛不走而亦飛亦走，充塞佈滿閻浮世界。空仍是色，則又不得不染之楷墨以爲跋也。

弟子新明沐浴敬跋。

中華民國二十二年歲次癸酉，陰曆小陽月中浣之吉日。

（民國西塔寺本茶經跋）

附録三：宋刻百川學海本茶經考論

陸羽茶經是中國古代茶葉文化史上一部劃時代的百科全書式巨著，也是世界上第一部關於茶的專門著作，在茶文化史上佔有很重要的地位。茶經在新唐書藝文志小説類、通志藝文略食貨類、郡齋讀書志農家類、直齋書録解題雜藝類、宋史藝文志農家類等書中，都有記載。

茶經版本甚多，從陳師道茶經序中可知，北宋時即有畢氏、王氏、張氏及其家傳本等多種版本。據筆者不完全統計，自宋代至民國，歷來相傳的茶經刊本約有六十餘種。（包括日本翻刻本。）

南宋以前諸本今皆不存，現存最早茶經之版本係左圭編南宋咸淳九年刊百川學海本，此後茶經的刊刻、鈔寫多從這裏展開，幾爲現存所有茶經版本之祖本。自明清至民國，遞修、重編、景刻、翻刻百川學海有十多種，它們既是茶經衆多版本的一部分，同時也還影響著茶經其它版本的刻印。對百川學海本茶經版本進行研究，是茶經版本研究的一個重要組成部分。本文主要討論宋刻百川學海本茶經的一些問題。

一　宋刻百川學海本茶經之概貌

幾經影刻，民國十六年陶氏涉園景刊宋咸淳百川學海乙集本茶經成爲民國以來通行最廣的宋版百川學海本茶經。但這一版本是真正宋版的可能性已爲學者所懷疑。布目潮渢先生認爲："目前通行於世的百川學海雖號稱爲‘民國十六年武進陶氏涉園以宋咸淳本景刊，闕卷用弘治中華氏翻宋本重校摸補之景印本’，唯其版本無法令人置信。"① "百川學海是南宋左圭於咸淳九年（1273）完成的中國最早的一部叢書，有宋刊本的影本（民國十六年，1927年武進陶氏涉園景刊），唯茶經不是據原刊本加以影印的，似乎是在影印時另據他本補上的。"布目先生對茶經部分非宋原刊的懷疑是正確的，但陶氏涉園之景刊茶經部分確又並非以他本所補，而是涉園本宋刻另有所據。因爲涉園本對宋本殘缺部分的補寫都有明確的説明，缺頁標以"此頁缺按華氏翻宋本補"並鈐"涉園補鈔"印，缺標籤以"第×卷至×卷宋本缺以明弘治年華氏翻宋本重校摸補"並鈐"涉園補鈔"印，缺書標以"宋本缺以明弘治年華氏翻宋本重校摸補"

---

① 本文所引布目潮渢之言均見氏著中國茶書全集解説，日本汲古書院1987年版。

並鈐“涉園補鈔”印，而爲宋刻本者每書後則鈐以“曾在陶涉園處”、“涉園珍秘”、“陽湖陶氏涉園藏書”等印，茶經卷終處鈐“涉園珍秘”印，則陶氏當時所録爲宋本，所印雖非原始宋本，確係另有所據。

布目潮渢認爲今後茶經的研究應當用日本宮内廳書陵部藏舊刊百川學海本乙集下茶經本爲底本，因爲與面目完整的明弘治十四年序無錫華珵刊百川學海壬集本相比，它是“未經假手的最古本的百川學海”本，“或許就是宋版也説不定”。布目潮渢先生以學者的敏感看到宮内廳本的價值，但是卻未能論證，且説茶經完全未經假手，則也未必。

中國國家圖書館善本古籍部藏有一部宋刻百川學海（缺佚部分以陶氏涉園景本補鈔，茶經部分爲原帙非補鈔），不知布目潮渢先生爲何未曾找尋到此。（是因爲以前没有出版書目公示？布目先生論明嘉靖竟陵柯雙華刊本、鄭熜校刻本茶經時亦未提及國圖藏本。）比校國圖所藏宋刻百川本、日本宮内廳書陵部百川本、明代華氏百川本以及民國陶園景宋百川本茶經，可以看到宋百川本茶經的原貌，並看到後世刊刻的改動及源流。

中國國家圖書館所藏宋刻百川本茶經，半頁十二行，行二十字。版框上下欄單綫，左右欄雙綫。頁中版心雙魚尾，魚尾上下各有象鼻標綫。上魚尾下標“茶上”、“茶中”、“茶下”諸分卷標識，下魚尾上標頁碼，每卷頁碼皆分别從頭標識。全文二十頁，其中一頁只有“茶經卷上”

的卷末標識而無正文内容。内容分上、中、下三卷十類。首頁鈐“宋本”、“竹塢”、“季振宜藏書”、“劉占洪少山氏珍藏”印，較陶氏景印本多“劉占洪少山氏珍藏”印，且“竹塢”印所鈐位置較陶氏景印本低約一字。

國圖藏宋刻百川本茶經在壬集，與日本宫内廳書陵部藏舊刊百川本序目不同。實爲百川學海在流傳過程中部帙散亂所致。明代華氏遞修百川學海時當即已散亂，故其編目即與宫内廳舊刊百川本不同。民國陶氏所得宋本百川學海亦是部帙散亂，在景刊時即循所得日本宫内省目録及左圭自序編目刊刻。（民國博古齋影刊明華氏百川本刻書序誤以爲華氏百川的目録即爲南宋左圭咸淳刊百川本目録。）

從内容來看，宋刻百川本茶經，很可能直接從陳師道所言及的北宋諸種家藏鈔寫本而來，刻書者並未進行嚴密的校訂，傳鈔乃至刻寫過程中的訛誤用字、脱漏寫，在宋刻本中還不屬少見。今舉其明顯訛誤者如下：

（1）卷上第一頁上“葉如丁香”，前文已有“葉如梔子”，再以“葉”如丁香，誤；

（2）卷上第一頁上“開元文字者義”，“者”當爲“音”；

（3）卷上第一頁上“價苦茶”，“價”當爲“檟”、“茶”當爲“荼”；

（4）卷上第一頁上“楊執戰”，“楊”當爲“揚”、“戰”當爲“戟”；

（5）卷上第一頁下“中者生櫟壤”，“櫟”當爲“礫”；

（6）卷上第一頁下“篇漢書者盈”，“者”當爲“音”；

（7）卷中第一頁下“其爐或鍜鐵爲之”，“鍜”當爲“鍛”；

（8）卷中第二頁上“六出固眼”，“固”當爲“圓”；

（9）卷中第三頁下“浮雲出山者，輪菌然”，“菌”當爲“囷”；

（10）卷中第三頁下“故厥狀委萃然”，“萃”當爲“悴”；

（11）卷中第六頁上“其到者，悉斂諸器物”，“其到”當爲“具列”；

（12）卷下第二頁上“至美者西雋永”，“西”當爲“曰”；

（13）卷下第二頁上“史長曰雋永”，“史”當爲“味”；

（14）卷下第二頁下“去而言”，“去”當爲“呿”；

（15）卷下第二頁下“間于魯周公”，“間”當爲“聞”；

（16）卷下第三頁上“兩都並荆俞間”，“俞”當爲“渝”；

（17）卷下第三頁上“或用葱、薑、棗、橘皮、茱萸、薄苘之等”，“苘”當爲“荷”；

（18）卷下第三頁上“王皇炎帝神農氏”，“王”當爲

“三”；

（19）卷下第五頁上“吾體中潰悶”，“潰”當爲“憒”；

（20）卷下第五頁下“皎皎頗白晢”，“晢”當爲“晳”；

（21）卷下第八頁上“責山君服之”，“責”當爲“黄”；

（22）卷下第八頁下“栝地圖”，“栝”當爲“括”；

（23）卷下第八頁下“本草菜部苦茶一名荼”，“疑此即是今茶一名荼”，“按詩云誰謂荼苦又云堇荼如飴”，“荼”皆當爲“荼”；

（24）卷下第九頁下“蜀州責城縣生丈人山”，“責”當爲“青”；

這些訛誤使得宋刻百川本雖是現存最早的茶經版本，但卻不是最好的善本。這也使得後世茶經的刊刻過程中，增注、甚至對茶經原文的直接修改比比皆是。

此外宋刻百川本茶經中還有一些經考證即可證明其錯誤的文字，它們與脱漏衍誤字一起，或者影響著人們對茶經的閱讀理解，或者傳播一些不準確的知識。限於篇幅，此處不詳述。

二　國圖宋刻百川本與日本宫内廳書陵部百川本茶經之異同

國圖宋刻百川本茶經與日本宫内廳書陵部藏舊刊百川

本茶經在版式、版心等方面完全相同，但在某些個别文字方面還是存在著不同。

（1）卷下第一頁上“蒸罷熱搗”，“蒸”，國圖宋刻本爲“茶”，係原書漫漶脱印爲後人所描寫；（明華氏百川本爲“蒸”）

（2）卷下第一頁上“無穰骨”，“穰”，國圖宋刻本爲“襪”，係原書漫漶脱印爲後人所描寫；（明華氏百川本爲“穰”）

（3）卷下第一頁上“用紙囊貯之”，“紙”，國圖宋刻本爲“紙”，係原書漫漶脱印爲後人所描寫；（明華氏百川本爲“紙”）

（4）卷下第一頁下“膏木爲柏、桂、檜也”，“木”、“爲”、“桂”，國圖宋刻本爲“本”、“謂”、“桂”，係原書漫漶脱印爲後人所描寫；（明華氏百川本爲“木”、“謂”、“桂”）

（5）卷下第一頁下“江水次”，“次”，國圖宋刻本爲“中”，係原書漫漶脱印爲後人所描寫；（明華氏百川本爲“中”）

（6）卷下第一頁下“騰波鼓浪”，“鼓”，國圖宋刻本爲“皷”，係原書漫漶脱印爲後人所描寫；（明華氏百川本爲“皷”）

（7）卷下第五頁上“吾丹丘子”，“吾”，國圖宋刻本爲“工”，係原書漫漶脱印；（明華氏百川本亦爲“工”）

（8）卷下第五頁下“皎皎頗白晳”，“白”，國圖宋刻本爲“曰”，係原書漫漶脱印；（明華氏百川本爲“白”）

流傳到日本的中國古籍，與留存在國内的古籍相比，即使版式完全相同，也會存在某些頁面漫漶脱印處的不同，國圖宋刻百川學海與日本宫内廳書陵部舊藏百川學海本茶經就是這種情況。（中國國家圖書館藏明鄭熜校刊本茶經與日本藏明鄭熜校刊本茶經，也存在這樣的情況。）

以中國國家圖書館所藏宋百川本、明華氏本與日本宫内廳本相較，日本宫内廳本當是印刷較好的宋版茶經，在使用國圖宋百川本茶經時，應當參照宫内廳本。

但是宫内廳本茶經又未必如布目先生所説的那樣“未經人手”，它雖確未經後人改寫之手，但當還是經過人描寫的。筆者因未能親見宫内廳原本，不能遽下斷言其與中國國家圖書館所藏宋刻百川本茶經的那些不同處也都經由後人描寫，但“膏木爲柏、檉、檜也”句，爲人描寫的可能性是比較顯然的。在與國圖本的三個不同字中，“木”描爲“本”之誤可不論，“爲”、“謂”之别亦無實質之差，但“檉”字卻大有可疑。一則因此處言膏木爲有油脂的樹木，柏、桂、檜都是所指有脂之樹，而檉爲河柳，非含油脂之木；二則明華氏百川、鄭氏文宗堂百川本皆爲“桂”，且除宫内廳本外其它所有幾十種茶經刊本未有刻爲“檉”者。所以應綜合國圖本和宫内廳本來使用宋刻百川學海本茶經。

三　國圖宋刻百川本與民國陶氏景刊百川本茶經之異同

陶氏景刊百川本茶經，雖名曰景宋版，但與國圖宋刻百川本存在著明顯的不同。

一是在版式方面。陶氏景刊本與宋刻百川本茶經在版式上基本相同，所不同者，陶氏本上中下三卷每卷第一頁及末頁魚尾下的“茶上”、“茶中”、“茶下”均標以“❖”號，頁碼則仍是連續標識同宋刻本。此外，作爲模寫景刻本，陶氏本字體的書寫刊刻，筆劃不及宋刻本遒勁有力，字形不及宋本飽滿生動。

二是在文字内容方面，陶氏景刊本與宋刻百川本存在著較多的不同，而這些不同正是學者詬病景刻者以意改篡宋本茶經的主要方面。

（1）卷上第一頁上“開元文字音義”，“音”，宋刻本爲“者”；

（2）卷上第一頁上“檟苦荼”，“檟”、“荼”，宋刻本爲“價”、“茶”；

（3）卷上第一頁上“楊執戟”，“戟”，宋刻本爲“戰”；

（4）卷上第一頁下“篋漢書音盈”，“音”，宋刻本爲“者”；

（5）卷上第三頁上“發于蘩薄之上”，“蘩”，宋刻本爲“驤”；

（6）卷上第三頁下“廉襜然”，“襜”，宋刻本爲“襜”；

（7）卷上第三頁下“至葉凋沮”，“至”，宋刻本爲“莖”；

（8）卷中第一頁上“置壿堠於其内”，“堠”，宋刻本爲“埭”；

（9）卷下第一頁上“茶罷熱搗”，“茶”，宋本原書脱印此字，爲後人描寫爲“茶”，但檢華氏遞修本及日本宫内廳本皆爲“蒸”，則宋本原文當爲“蒸”，後人描寫者誤；

（10）卷下第一頁下“敗器謂朽廢器也”，“器”，宋刻本爲“噐”；

（11）卷下第一頁下“揀乳泉石地慢流者上”，“地”，宋刻本爲“池”；

（12）卷下第二頁上“至美者曰雋永”，“曰”，宋刻本爲“西”；

（13）卷下第二頁下“其馨䜴也（香至美曰䜴,䜴音使）”，“䜴”，宋刻本爲“欸”；

（14）卷下第五頁上“予丹丘子也”，“予”，宋刻本漫漶脱印爲“工”；

（15）卷下第六頁下“示以蘘茗而去”，“蘘”，宋刻本爲“蓑”；

（16）卷下第六頁下“異苑”，“苑”，宋刻本爲“菀”；

（17）卷下第六頁下“從是禱饋愈甚”，“饋”，宋刻本爲“饋”；

（18）卷下第七頁上“新安王子鸞豫章王子”，“豫”，宋刻本爲“豫”；

（19）卷下第七頁下“陶弘景雜録”，“弘”，宋刻本爲“汎”；

（20）卷下第八頁上“昔丹丘子、責山君服之”，“責”，宋刻本爲“青”；

（21）卷下第八頁下“括地圖”，“括”，宋刻本爲“栝”；

（22）卷下第八頁下“本草菜部苦荼一名荼”，“疑此即是今荼一名荼”，“按詩云誰謂荼苦又云堇荼如飴”，“荼”，宋刻本爲“荼”；

（23）卷下第九頁下“蜀州青城縣生丈人山”，“青”，宋刻本爲“責”；

應當説(1)(2)(3)(4)(12)(17)(21)(22)諸項是陶氏景刻本改正宋本茶經之誤者，這些錯誤在明代中期以後的茶經刊本中即已被改正，陶氏景刊宋百川本時或許參考了明代以來的改正。布目潮渢認爲陶氏景宋本茶經一之源小注中三處，即本文所列的(1)(2)(3)項與宫内廳本（亦即宋刻本）不同處是“景刊本於摹補時以意改的”，則是未必盡然。而(7)(9)(11)(20)諸項則是愈改愈誤。其它一些不同項則是修改了宋刻本的一些異寫、或小有筆誤的字體。

但是，不論陶氏景刊本的改動是否有憑據，如果在宋刻本的意義上來使用它，則必須相當小心。

四　簡短的結論

南宋咸淳刊百川學海本茶經是現存最早的茶經版本，中國國家圖書館所藏宋百川本有較多漫漶脱印處。經與宋刻本及明代華氏遞修百川本比較研究，日本宮内廳書陵部所藏舊刊百川本茶經亦是宋刻本，且爲後人描寫處較少。宮内廳本宋刻茶經已經布目潮渢先生刊印，方便了茶文化研究者的使用。而民國陶氏景刊宋百川本茶經，因爲改易太多，使用時需謹慎。

（載農業考古 2005 年第 2 期）

附録四：風爐考

——茶經四之器圖文考之一

茶經四之器所列“二十四器”，既是陸羽茶藝的完整載體，也是陸羽茶道思想的具體體現。陸羽詳細列舉了各種器具的材質、尺寸，以及製作、使用方法，乃至其美化裝飾，留給後世讀者的是細緻的文字叙述，而没有直觀的圖繪。雖然茶經有十之圖篇，但卻不是爲茶經所言茶器具所繪茶圖，而是要人們圖寫張掛茶經。時移世易，製茶飲茶風習的改變，使得人們對陸羽茶經“二十四器”不甚詳熟了。南宋末年審安老人作茶具圖贊，圖繪了宋代點茶法所用十二種主要茶具。明代萬曆年間新都醉茶生孫大綬秋水齋刻行茶經時，將茶具圖贊附綴於卷中四之器之後，以爲四之器可以披覽之圖。孫氏序之曰：

> 余既讀陸氏茶經，已深嘉其逸韻素襟，雅足追尚。

至若器具，區以別矣，莫能圖，何哉？夫辨服匿，造欹器，證古實難，則審安取裁折衷定爲十二，飲者可挈，覽者可披，庶幾旦暮遇之。使必執甲乙而訾缺落，將遂謂之羔袖狐裘。詎知鳧脛自短，鶴膝自長，彼無所用，即此無所用。續離異離，同是爲非同非矣。乃稱鴻漸魯男子耳，如固斷斷不然。譬説藥人，真藥現前，反生疑惑。吾願以是而一振桑苧隱翁矣。

然而茶具圖贊畢竟不是專爲茶經所繪茶具圖，且唐宋因飲茶方法的改變，茶具已有了重大的不同。對茶經四之器的茶具，需要有專門的考證與研究。現存可知最早的專門圖考，是十八世紀末葉日本春田永年所作的茶經中卷茶器圖解。日本布目潮渢先生收藏有日本佚名氏所作茶經圖考（附刻於氏著中國茶書全集書末），則是爲茶經二之具、四之器二篇所作的專門圖考，但不詳作於何時。後來的研究都在此二者（主要是春田永年茶器圖解）的基礎上展開，或者乾脆基本就採用了其中的研究成果。

到目前爲止，涉及茶經四之器茶具圖研究的主要成果有如下十餘種：（1）日本春田永年茶經中卷茶器圖解（以下簡稱茶器圖解），（2）日本佚名茶經圖考，（3）臺灣張宏庸茶藝，（4）吴覺農茶經述評，（5）韓生法門寺地宫茶具與唐人飲茶藝術，（6）臺灣故宫博物院廖寶秀也可以清心—茶器、茶事、茶畫，（7）臺灣林瑞萱陸羽茶經講座，（8）裘紀平茶經圖説，（9）程啟坤、楊招棣、姚國坤陸羽茶經解讀與點校，（10）日本布目潮渢中國茶文化と日本，（11）日本布目潮渢茶經詳解。其中，臺灣張宏庸茶藝全部據春田永年，且有改繪重排，繪、排皆有小誤；韓生法門寺地宫茶具與唐人飲茶藝術在出土的唐代茶具實物之外，所選後人繪製的綫描茶具圖完全據茶藝之圖；吴覺農茶經述評部分茶具圖亦據春田永年，且自有改繪。林瑞萱陸羽茶經講座的茶具圖可以看出也是根據春田永年，不過多有重繪和美飾。日本布目潮渢茶經詳解亦主要根據春田永年及佚名氏的圖考，但在論述碾、羅、碗諸器物時，採用了考古發掘的材料。布目潮渢先於茶經詳解出版的中國茶文化と日本中所論茶具之圖大抵與茶經詳解一致，因爲後出之書有更多的文獻考釋，故在論述布目氏的研究時主要引録其茶經詳解。程啟坤、楊招棣、姚國坤陸羽茶經解讀與點校則全部採用法門寺出土的唐代金銀、陶瓷、玻璃茶具實物。臺灣故宫博物院廖寶秀也可以清心—茶器、茶事、茶畫則不求其全備，所引録茶具圖皆是傳世或出土的文物。裘紀平茶經圖説一般也是首列春田永年茶器圖解中的器具圖形，有些有所改繪，同時使用了大量的出土及圖畫資料，並結合其擅長的設計專業，自繪出某些圖形，是所有相關研究成果中的最優者。此外廖寶秀宋代吃茶法與茶器之研究也涉及到了宋遼時代的風爐與茶爐。

可以看到，春田永年的茶器圖解幾乎是所有研究的基礎。然而這一圖解上距陸羽茶經成書之時相去一千年有餘，距今也有二百多年。且不説春田永年的圖解中有不少不盡合理乃至錯誤之處，其他學科尤其是考古學的發展與研究成果，爲我們現今從實物的角度去重新認識瞭解茶經中的茶具，提供了更多的可能性。本研究即將從文獻、文物及考古發掘與傳世的實物出發，在茶具圖贊、茶器圖解及現有研究成果的基礎上，對茶經四之器進行全面的考索。（對於現有研究成果中一些習焉不察的問題，亦將予以考證辨析。）

風爐考是本研究系列考證的第一篇。

風爐是陸羽茶經四之器首列之具。陸羽未按煮茶所用程式的順序首列炙、碾茶類茶具，而是首列生火類茶具，是因爲風爐承載了陸羽茶道思想的重要内涵，舉凡陸羽的哲學、美學與社會理想，都在風爐上有所體現。陸羽對風爐（灰承附）的文字描述如下：

> 風爐以銅鐵鑄之，如古鼎形，厚三分，緣闊九分，令六分虚中，致其杇墁。凡三足，古文書二十一字。一足云："坎上巽下離於中"；一足云："體均五行去百疾"；一足云："聖唐滅胡明年鑄"。其三足之間，設三窗。底一窗以爲通飆漏燼之所。上並古文書六字，一窗之上書"伊公"二字，一窗之上書"羹陸"二字，一窗之上書"氏茶"二字。所謂"伊公羹，陸氏茶"也。置墆埭於其内，設三格：其一格有翟焉，翟者，火禽也，畫一卦曰離；其一格有彪焉，彪者，風獸也，

> 畫一卦曰巽；其一格有魚焉，魚者，水蟲也，畫一卦曰坎。巽主風，離主火，坎主水，風能興火，火能熟水，故備其三卦焉。其飾，以連葩、垂蔓、曲水、方文之類。其爐，或鍛鐵爲之，或運泥爲之。其灰承，作三足鐵柈檯之。

爐有二指，一爲燒火用的火爐，二爲焚香、薰香用的香爐。茶經中所論爲火爐，是供烹飪、冶煉、取暖等用的盛火器具或裝置。爐用不同材料製成，有銅爐、鐵爐、石爐、竹爐等。陸羽所論爲銅鐵鑄造成的金屬爐，像古鼎形。因爲唐代鼎形風爐實物的缺徵（法門寺出土的唐代“壺門高圈足座銀風爐”實際不是風爐，筆者將另撰文考證），我們只能從爐具的歷史發展中，探求風爐的面貌。

從飲食所用爐具的發展歷史來看，最初人們是用長足支架形器皿直接火燒獲取燒煮的功效，史前的陶鬲、盉、鬶，文明時代以後的青銅鬲、盉、鼎，等等，都是長足支架形器皿，可以直接燒煮的食器。是炊具與爐具合一的器物。（釜、鑊等無足炊具則需要在灶上燒煮，或吊在其他支架上燒煮。）

然而直接燒煮食器的問題是，炭火暴露、散落，既不安全又不衛生且不方便。此外雖然有炭火內藏的灶，但是因爲灶的不可移動性，兼具方便與安全性的爐應運而生。不過爐具也不是一下就形成和完善的，從現存青銅爐的形態我們可以看到爐的發展過程。

圖 1-1：曾侯乙碳爐（附箕、漏鏟），

戰國早期，通高 14，口徑 43.8，腹深 6.6 釐米

圖 1-2：雲紋方爐，戰國晚期，通高 12，

口長 60.2，口寬 32.8 釐米

人們最初想到要解決的是炭火的散落問題，與之相關的器具，有方爐（盤形鼎式爐）與帶火盆套鼎（爐盤）、雙層鼎、底爐上鬲等諸種器形。其中，方爐（盤形鼎式爐）是單獨的爐具〖參見附圖 1〗；而帶火盆套鼎（爐盤）是複合器具，上部爲炊具下部爲爐具〖參見附圖 2〗；雙層鼎與

底爐上鬲則是同一性質——即上爲炊具下爲爐具——但不同形狀的炊爐一體器〖參見附圖 3〗。這幾種爐具，都實現了歸攏炭火的目的，不過各有優長與短劣之處。方爐（盤形鼎式爐）是一種開放式的爐具，有方形者，有圓形者，炭火在盤中，内盛食物、飲料的鼎、鬲、盉等炊具，可以

圖 2-1：帶火盆套鼎，西周早期，通高 16，口徑 12.4 釐米

圖 2－2：晉侯温鼎，西周，高 23.7，口徑 16.4 釐米

圖 2-3：曾侯乙爐盤，戰國早期，上盤口徑 39.2，通高 21.2 釐米

直接立在盤上燒煮。方爐（盤形鼎式爐）類似於後世的火盆，使用起來方便，但問題是立在其上的飲具因爲不固定

而潛藏摇落的危險，且爐中炭火仍爲明火。帶火盆套鼎（爐盤），通過將上部炊具鼎與下部火盆焊接在一起，以獲取上部炊具的穩定性，問題是下部火盆中的炭火仍爲明火。雙層鼎、底爐上鬲等形狀的器具則是將上部炊具與下部爐具共鑄爲一體，解決了明火和穩定性的問題。但這類器形的問題是炊具、爐具一體使得清洗炊具甚爲不便。所以，只有獨立、炭火内藏、放置炊具穩定且移動方便的爐具，才能解決上述各種爐具仍然存在的問題。

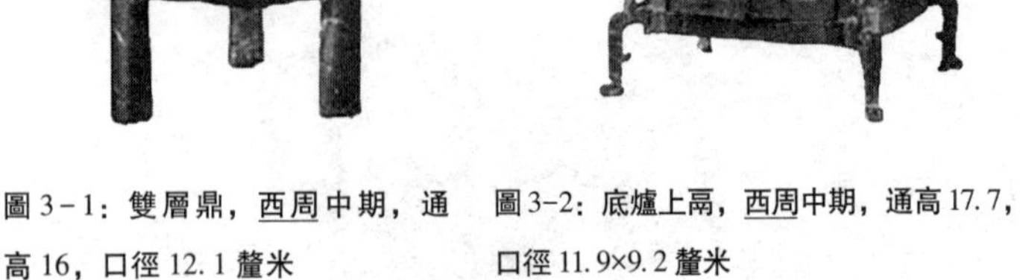

圖 3－1：雙層鼎，西周中期，通高 16，口徑 12. 1 釐米

圖 3－2：底爐上鬲，西周中期，通高 17. 7，口徑 11. 9×9. 2 釐米

漢代開始，獨立、炭火内藏、放置炊具穩定且移動方便的爐具出現，表明這一時期爐具的發展已然成熟。最早透露爐具成熟資訊的，是西漢大量出現的温酒爐。温酒爐是與當時的酒杯——耳杯配套使用的火爐，爐身上部爲橢圓形，四壁鏤空雕成朱雀、玄武、青龍、白虎四神像，既

將炭火内藏保證安全，又可通風助燃；爐身下部呈長方形，爐底有火箅子，這樣燃燒盡浄的炭灰可以自動掉落在承盤上；下部一側焊接有曲折形長柄，拿持方便，使火爐移動時很安全。〖參見附圖 4〗形制相似的西漢青銅温酒爐在陝西、山西、河北、安徽、湖南、河南等地均有發現，表明這一時期這一類器具被使用的廣泛與頻繁。

圖 4-1：四神温酒器，西漢，陝西出土，通高 12 釐米

圖 4-2：四神温酒器，西漢晚期，山西出土，通高 11.5，長 24 釐米

温酒爐畢竟是貴族豪門所用的專門温酒爐具，爲了與配套的耳杯相適應，其形狀爲橢圓柱形（長方柱形），不能與常用的食器釜、鑊、甑等適應使用。符合日常生活使用要求的爐具“武陽傳舍比二”鐵爐與温酒爐相似，只是呈圓柱形而已，且製作材質亦爲更平民化的材料——鐵。貴州赫章出土的漢代“武陽傳舍”鐵爐：

> 生鐵二道合模鑄造。爐身圓筒形，外飾粗弦紋兩道，周圍有豎立長方形鏤孔十二個，兩側有一對大環耳（斷缺一個）。上口沿突出三個鍋撑（已缺一個）。

爐膛底有曲尺形鏤孔四個，起爐箅的作用。底下有三足，立在一托盤内。托盤也有三足。通高22. 2釐米，爐身口徑22釐米。這是一件厚重堅實、通風性能良好、提攜方便的小爐子，適於旅途炊煮温烤食物。據説出土時爐内殘存木炭，内壁炭火熏灼的煙痕也很明顯，可證這是一件實用器物。①

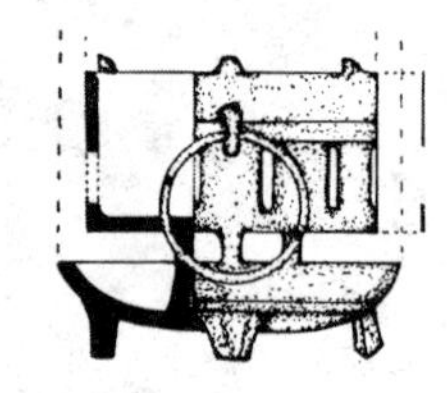

圖5：漢代武陽傳舍鐵爐

這件鐵爐的結構已經與陸羽設計的金屬風爐很近似了。圓筒形爐周身有通風口，爐底部有爐箅子置炭漏灰，最下有灰承承接燃盡的炭灰。〖參見附圖5〗這些重要的大結構與陸羽風爐均相同。有三個比較大的不同處，一是陸羽風爐的口沿上没有鍋撑，二是陸羽風爐内有泥塗的爐膛，這是武陽傳舍鐵爐所没有的，三是陸羽風爐爐側没有環耳提手。至於陸羽風爐上的那些各種裝飾與文字，與傳舍鐵爐相比，則只是觀念上的而非結構上的差異。結構的差異往往與功能的差異相伴。口沿上的鍋撑一般是爲了更好的穩置釜、

① 李衍垣漢代武陽傳舍鐵爐，載文物1979年4期，第77頁。

鑊等炊具，陸羽風爐因爲口緣較闊，九分，約 2.7 釐米，所用底部寬廣的鍑、鬴等能夠較爲平衡地擱置其上，所以不用鍋撑當也可以。而塗泥爐膛應當説是陸羽風爐優良的設計點之一，因爲泥質爐膛相對於金屬爐壁而言，導熱慢，一是能夠更大地發揮爐内炭火的熱效能，二是能夠保護金屬爐壁。長期高温燒烤必然地會使金屬爐壁損壞，而金屬在礦冶業長期不發達的農耕社會都是較爲難得之物，富貴如曾侯乙者，所用碳爐在損壞時都要反復修補後再使用，可見對金屬爐壁的保護不僅有節約的經濟之功，也是因爲當時還是爲數不多的金屬資源。而爐側的環耳提手，亦是因爲爐内有塗泥爐膛的緣故，爐身外壁温度不會太高，不用提手也可直接落手搬持，不會燙傷手掌，所以也可以省略了。可見陸羽風爐的設計，因爲結構的優良而有所簡略。

圖 6：唐代茶具組

唐代傳世風爐幾乎不獲見，臺北自然科學博物館收藏的一組唐代花崗岩石質茶具中有風爐〖參見附圖 6〗，雖然因爲是明器，器高只有 10 釐米左右，且器形結構不細緻，但已經顯露出足夠的結構信息，讓我們瞭解唐代風爐——或曰茶爐——的風貌：

> 風爐爲斜直筒身，附二獸面把手、四壼門座風口，下承三足爐座（當爲灰承），爐内中腹凸緣一圈，爲承墊灰架（當爲爐箅子）之用。①

總體而言，這座花崗石風爐結構更接近漢代武陽傳舍鐵爐，一是爐身側有雙提手，二是口沿有鍋撑（雖然石爐的鍋撑很奇特，一半邊爲三個突起的支點，另半邊爲一雙峰形，在現有的實物爐的鍋撑中很少見，不知是否爲製造工匠的即興創作），三是爐内當有爐箅子，四是爐底有灰承。至於“四壼門座風口”，則可視爲風爐帶四壼門的圈足。而最大的不同，也可以説是最大的問題是，石爐身上部没有任何一個風口，不知這是石爐本身的結構所致，還是因爲這小型爐的石質材料不易細切割爲多個小風口。

由此我們大致可以得出陸羽風爐的形狀了，它是一個大致直身的圓筒形，底有三足，口緣較寬，内有塗泥作爐膛，爐身每兩足之間開一窗，共三窗，爐底部亦開一窗，内置爐箅子——墆㙇，以爲承炭、通風、漏燼之所，另配有三足盤式鐵灰承。〖參見附圖7〗

① 臺灣故宫博物院廖寶秀也可以清心—茶器、茶事、茶畫，第29頁。

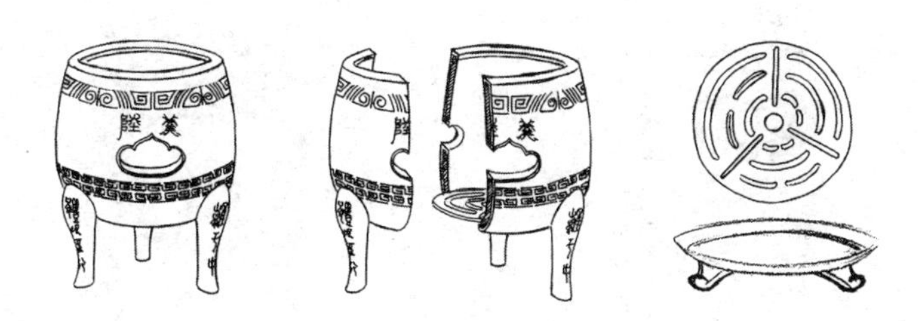

圖 7：陸羽風爐示意圖（筆者請茶友徐蓓繪製）

陸羽設計的風爐應該説有兩個特點，一是所以以“風”名爐者，“以周繞通風也”（唐李匡乂資暇録卷下），爐身三窗不是擺設，是實用通風的。二是因爲陸羽“好古”，便將他所設計使用的風爐摹像“古鼎”形。但也正因爲如此，陸羽反而誤導了後人對風爐的理解。從春田永年茶器圖解開始，此後採用春田永年構想的風爐圖，除林瑞萱外，一無例外地採用了常見的完全鼎式外形，以及筒罐式帶底墆㙞。以此産生了兩大問題。一是爐口沿上對立的雙耳提手，且不言陸羽並未設計風爐提手，即使此爐有提手，對於專一

圖 8-1：春田永年風爐圖

圖 8-2：張宏庸、韓生風爐圖

圖 8-3：裘紀平風爐圖

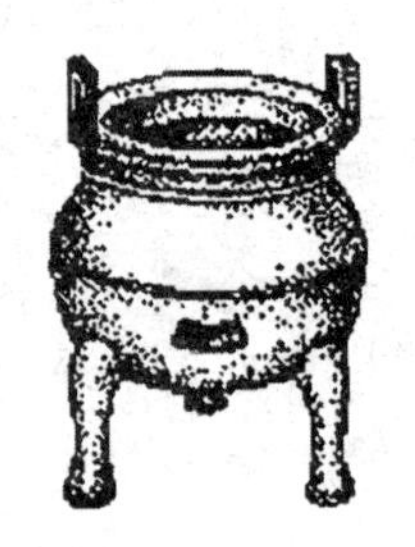

圖 8-4：吴覺農風爐圖

燒火的爐而言，提手應在爐身對應的兩側，提手在口沿上會妨礙鍑等食器在爐上的放置，根本不合理。〖參見附圖 8〗須知陸羽雖言風爐“如古鼎形”，而鼎非一式，雖然最常見的古鼎是有雙提耳的，但也是有無耳古鼎的，如山西晉侯墓出土的春秋早期以前的無耳鼎：

> 口微斂，平折口沿，深腹圜底，三蹄形足較細。頸飾鱗紋一周，下有凸起的弦紋。此鼎没有雙耳，與通常所見的鼎形器相異，口沿和頸部未見有破損及修補痕跡，因此它不會是雙耳殘失所致，應是鑄器前即設計好的式樣。腹内壁鑄銘文 5 行 30 字，記晉侯□（復?）作此鼎。（晉國奇珍）

由此可知，雖然特殊，無耳鼎畢竟仍是鼎類中的一種。陸羽知識淵博，偏偏採用的是不常見的無耳鼎。（其實如果我們再往前追溯，陶鼎中的無耳鼎也是很多見的，史前的良渚文化遺址中無耳陶鼎就比較多見。只不過大家所見和看重的多是青銅器之類的重器，陶器較容易爲人忽略而已。）〖參見附圖 9〗

圖 9-1：陶鼎，良渚文化，口徑 17.6，高 16.2 釐米

圖 9-2：晉侯鼎，西周晚期，口徑 31.2，高 27 釐米

第二個大的問題是筒罐式墆㙸，在結構上相當於一個獨立的爐膛，對於已經有塗泥爐膛的風爐而言，筒罐式墆㙸的筒身無疑是疊床架屋的構造；其次證以資暇録“風爐子以周繞通風也”之言，風爐爐身上的三窗都是爲了通風助燃的，筒罐式墆㙸的筒身正好將爐身三窗遮擋，使風爐通風之構造全無推動其通風助燃的作用，所以顯然是不合理的；其三筒罐式墆㙸上沿設計出三個突出的鍋撑，以符合陸羽經文“設三格”之言，更屬“奇思妙想”。這種鍋撑在爐膛上的火爐未曾見聞過。春田永年構想的筒罐式墆㙸唯一可取之處，是它多孔的底部，這種結構是符合墆㙸置炭、通風、漏燼的爐箅子的作用的。只不過爐箅子一般以柵條形爲多見，6000 多年前上海青浦崧澤遺址就有實際使用的柵條形陶爐箅子了。陸羽經文言墆㙸三格上各畫離、巽、坎三卦，則當爲以柵條團成圓形的爐箅子。〖參見附圖 10〗

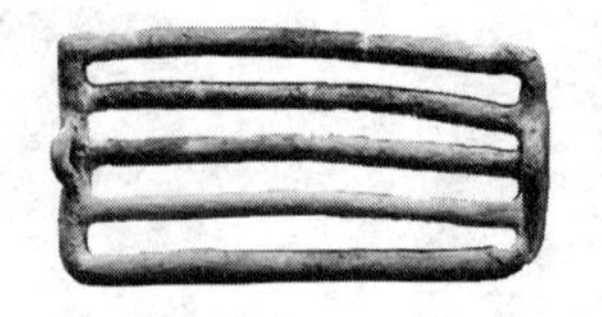

圖 10-1：陶爐箅，崧澤文化，長 31.6 釐米

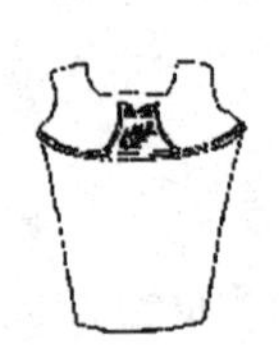

圖 10-2：春田永年系列墆埭及其底部

圖 10-3：本文構想的墆埭圖

此外還有一個小問題，春田永年系列的鼎式爐都爲束頸，這在現在可見的爐文物與繪畫作品中的爐身上，都是未見的。這仍然是完全依鼎畫爐所致的問題。

特別需要提出的，一是林瑞萱陸羽茶經講座中所繪風爐無耳、不束頸，在論及墆埭時，説是“盛火的土器”，就是“風爐舌子”，是目前所有研究中最準確理解了陸羽茶經文字意義的成果，可見其對風爐研究的深入細緻。二是布目潮渢大多引録春田永年所繪圖，但風爐未用，用的是日本佚名氏茶經圖考所繪風爐圖，這表明布目意識到了春田永年的風爐圖有問題，因而棄之不用。日本佚名氏所作茶經圖考所繪無耳、不束頸鼎式爐，特別是三腳支架形墆埭，

讓人明白地看出日本抹茶道的身影，可以用作中日茶文化的比較研究。〖參見附圖 11〗

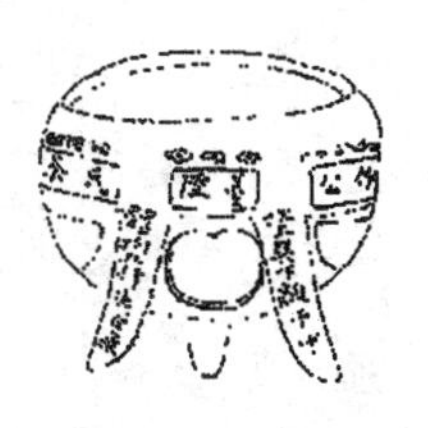

圖 11-1：日本佚名氏風爐及墆㙞圖

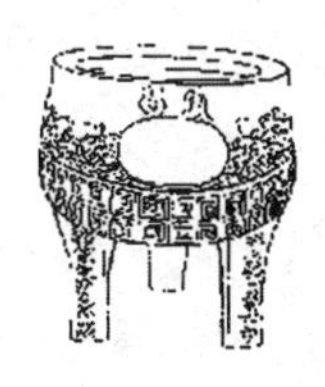

圖 11-2：林瑞萱風爐及墆㙞圖

關於本文所構想的陸羽風爐的形態結構，可以五代風爐文物和繪畫作品中的風爐相佐證。河北唐縣出土一套五代白釉瓷茶具，既不是實用器，也不是明器，而是一套供玩賞的模型。其中有一件風爐，爐高約 11 釐米，圜底圓筒形，三蹄足。爐身腹部每兩足之間各開三處開口，其中一處爲雙圓套疊形，另兩處各爲兩條長方形①。〖參見附

① 參見孫機、劉家琳記一組邢窰茶具及同出的瓷人像，載文物 1990 年 4 期。

圖 12-1〗它依然有著陸羽風爐的基本特點，即“周繞通風”，爐身四周皆有風口，並且基本仍呈現三足鼎形。同時可以看出五代的風爐在陸羽風爐的基礎上也有變化和發展，表現在爐周身的風口（窗）已經不是等距等大，其中的一個風口較大，而另兩個風口較小且與大風口基本對應分佈在爐身兩側，爐底之窗亦封閉。北宋摹唐閻立本蕭翼賺蘭亭圖中的風爐也是類似的形制。〖參見附圖 12-2〗風爐在五代時的變化，表明使用者們更加關注提高爐的熱效能利用。從宋人繪畫和遼墓壁畫可以看到遼宋時期的風爐（茶爐）形制，在五代風爐的基礎上再度發展變化，大風口再增大成爲爐眼，即喂炭煽風處所，豎條形小風口依然保留作通風出煙之用，爐底之窗封閉，爐足採用多足形以增加爐的穩定性，灰承則變化爲爐床或爐底座。〖參見附圖 12-3、4〗

圖 12-1：五代白釉風爐及鍑

圖 12-2：北宋摹唐閻立本蕭翼賺蘭亭圖局部—風爐

圖 12－3：南宋劉松年攆茶圖局部—風爐

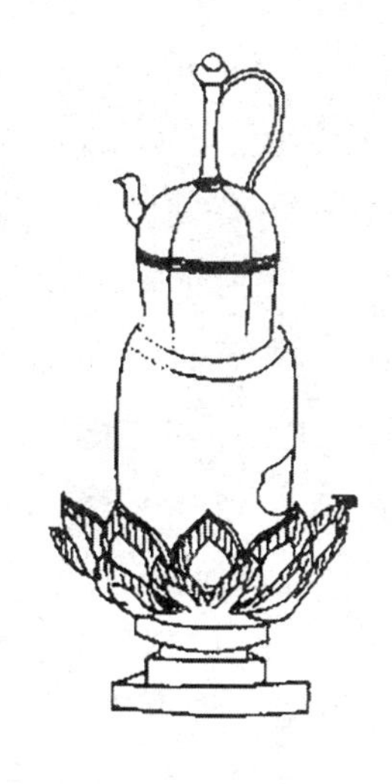

圖 12－4：宣化遼墓備茶圖局部—風爐

陸羽之前，唐人煮茶有用灶者，武后朝宰相許渾送張尊師歸洞庭詩云："杉松近晚移茶灶"，陸羽之後，風爐成爲唐代專門用於茶道茶藝的爐具，其他用於温酒或燒煮食物的爐具一般稱爲火爐。陸羽茶經之後，唐代文人們有在詩文中言及風爐者，如稍長於陸羽的岑參（715—770）晚過磐石寺禮鄭和尚詩："暫詣高僧話，來尋野寺孤。岸花藏水碓，溪竹映風爐。頂上巢新鵲，衣中帶舊珠。談禪未得去，輟棹且踟躕。"與陸羽大致同時的奚陟（739—794），擁有比較高檔的成套茶具，並以之舉行茶會，茶具中就有風爐一項。到了宋代，由於愛茶文人的衆多，提及風爐的詩文可以説是不勝枚舉。如黄庭堅謝黄從善司業寄惠山泉：

“安得左幡清潁尾，風爐煮茗卧西湖”，韓駒謝送鳳團及建茶：“白髮前朝舊史官，風爐煮茗暮江寒”，楊萬里以六一泉煮雙井茶：“何時歸上滕王閣，自看風爐自煮嘗”，陸遊山家：“明窗睡起渾無事，篝火風爐自試茶”，等等。可見風爐在唐宋茶文化生活中的重要地位。

而五代以後形制變化發展了的風爐除了可以移動之外，已經和灶没有什麼本質性的區别了，所以宋人風爐、茶爐、茶灶都可以用來指稱茶具之爐。如葛勝仲戲書：“茶爐僧缽隨時用”，李綱吴江五首：“茶灶筆床隨陸子”，等等。不僅如此，風爐也用來指稱一般用於其他燒煮和冶煉用途的火爐。如爲朱熹稱道的以象論易的宋儒鄭少梅，“解革卦（䷰）以爲風爐……初爻爲爐底，二爻爲爐眼，三、四、五爻是爐腰處，上爻是爐口。”（宋朱鑒朱文公易説卷五）而這風爐指的是冶金之爐。陸遊巢菜：“自候風爐煮小巢”，則是以風爐指一般燒煮飯食之火爐。宋代風爐的一名多指和一物多用，使得此後爐具長時期不能成爲一種專門的茶道藝用具，這種情形與日本茶道是很不類同的。而中日茶爐的比較研究則將是另一個課題所要解決的問題。

（載第九屆國際茶文化研討會論文集，浙江古籍出版社 2006 年 5 月）

附録五：漉水囊

——茶經中隱藏的佛教内核

陸羽茶經卷中四之器列有茶具二十四器之一漉水囊的形制及材質："漉水囊，若常用者，其格以生銅鑄之，以備水濕，無有苔穢腥澀意。以熟銅苔穢，鐵腥澀也。林栖谷隱者，或用之竹木。木與竹非持久涉遠之具，故用之生銅。其囊，織青竹以捲之，裁碧縑以縫之，紐翠鈿以綴之。又作緑油囊以貯之。圓徑五寸，柄一寸五分。"漉水囊這看似尋常的一件茶具，卻隱藏着陸羽與佛教之間不尋常的關係，是茶經中隱藏的佛教内核。

一　陸羽與佛教的關係

陸羽與佛教有着複雜而深厚的淵源，不同人生階段的關係卻又波瀾曲折，經歷了接觸、遠離及最終的回歸，而在每一個階段，甚或即使在遠離的階段，佛教的精神與原則，一直都伴隨着陸羽和他的茶。

陸羽幼年寄身寺院卻不願學佛。陸羽幼時被棄野外，爲竟陵龍蓋寺智積和尚收養于寺中，然雖從小寄生緇素，陸羽卻未心存佛門，而是屬意學習外道，向心儒家。“始三歲，惸露，育于竟陵大師積公之禪院。自九歲學屬文，積公示以佛書出世之業，予答曰：‘終鮮兄弟，無復後嗣，染衣削髮，號爲釋氏，使儒者聞之，得稱爲孝乎？羽將授孔氏之文可乎？’”智積師父不能説服陸羽棄儒學佛，“因矯憐撫愛，曆試賤務，掃寺地，潔僧廁，踐泥圬牆，負瓦施屋，牧牛一百二十蹄”，爲了不讓陸羽學習外道，讓其不停勞作。然而陸羽力學不輟，以至積公派人專門看管，主者嚴加折辱，陸羽終於不堪忍受，逃寺而去，“卷衣詣伶黨”。智積師惜才而追及之，答應允許陸羽同其本師許其弟子一樣“十二時中一時學外道”：“念爾道喪，惜哉！吾本師有言：我弟子十二時中，許一時外學，令降伏外道也。以吾門人衆多，今從爾所欲，可捐樂工書。”要求陸羽放棄演藝方面的書籍即可以回寺學習儒家等外道之學。然羽終不返寺，棄寺棄師棄教。①

陸羽因一身的才華爲竟陵太守李齊物賞識，從而負書求學於火門山鄒夫子，再與貶于竟陵任司馬的崔國輔相與交遊三年，終成一時名人。

---

① 陸羽陸文學自傳，宋李昉等編文苑英華卷七九三，並參校全唐文所録文字。

天寶十五載（756）夏，安禄山叛軍進逼長安，玄宗逃往四川，肅宗繼位，改元至德。“自中原亂，士人率渡江”[①]，多至江浙之地：“天寶末，安禄山反，天子去蜀，多士奔吴爲人海。”[②] 時在陝西南部考察茶事的陸羽作四悲詩，亦渡江南下，至吴興（今湖州），結識詩僧皎然。

皎然棄儒棄道入佛，道行才情，或影響陸羽。皎然不僅是作爲一個詩僧——創作者的形象存在，自己還寫了有關作詩和詩評的著作詩式、詩評。皎然對陸羽茶經是充分肯定的，其飲茶歌送鄭容：“雲山童子調金鐺，楚人茶經虚得名”[③]，用反語表現出當時陸羽茶經所負有的盛名。飲茶歌誚崔石使君“孰知茶道全爾真，唯有丹丘得如此”首次提出“茶道”一詞[④]，可謂對陸羽茶經的加持。而他本人對詩作的態度，對佛教的態度，或許對陸羽也有影響，可能影響陸羽轉變對佛教的態度。

董逌於北宋末年所作廣川畫跋引秦再思紀異録所紀代

---

① 歐陽修等新唐書卷一九四權臯傳，中華書局，1975年版點校本，第5567頁。

② 顧況送宣歙李衙推八郎使東都序，見全唐文卷五二九，中華書局，1983年影印本，第5370頁。

③ 杼山集卷七，禪門逸書初編，臺北，明文書局，1981年影印明末虞山毛氏汲古閣刊本，第72頁。

④ 杼山集卷七，第74頁。

宗時智積法師被詔入宮講法①，茶非羽煎不飲，尋陸羽入宮秘煎奉師，以有似羽煎者而盡飲之，出羽見師，或爲陸羽轉念之契機。

宋人、明人著述皆有引用北宋前期秦再思紀異録"飲必羽煎"所記録智積師父"知茶"之事，言其自陸羽離開龍蓋寺一段時間後就不再喝茶，從側面反映了陸羽茶藝的高超水準以及智積識茶、愛茶之深：

> 積師以嗜茶，久非漸兒供侍不鄉口，羽出遊江湖四五載，積師絶於茶味。代宗召入内供奉，命宫人善茶者以餉，師一啜而罷。上疑其詐，私訪羽召入。翌日，賜師齋，俾羽煎茗，喜動顔色一舉而盡。使問之，師曰，此茶有若漸兒所爲也。於是歎師知茶，出羽見之。②

董逌，字彦遠，東平人，郡望廣川。宣和中以精於考據賞鑒擅名，"靖康末尚官司業"③，建炎三年秋七月庚子"中書舍人董逌④充徽猷閣待制"⑤。清代四庫館臣在廣川畫

---

① 秦再思，生平不詳，約宋真宗咸平中前後在世，作洛中記異録十卷，又稱紀異録（後人引用，有稱洛中紀異或紀異者），記唐五代及宋初雜事，南宋初年曾慥類説節録此書，另有明人刻宋人百家小説偏録家本。此條未見曾慥類説著録，而見於董逌所編廣川畫跋。

② 明陳耀文天中記卷四四"飲非羽煎"。

③ 四庫全書總目卷一一二廣川畫跋解題。

④ 宋俞琰讀易興趣要卷四："中書舍人東平董逌彦遠撰廣川易學二十四卷"。

⑤ 李心傳建炎以來繫年要録卷二五，中華書局 1956 年版，第 514 頁。

跋書目解題中言："古圖畫多作故事及物象，故逌所跋皆考證之文"，而在考證之文中，特别列舉"其中如辨正武皇望仙圖、東丹王千角鹿圖、七夕圖、兵車圖、九主圖、陸羽點茶圖……引據皆極精核。"董逌學識淵博，畫跋之外，還撰有皆冠以"廣川"的書跋、藏書志、詩詁，以及錢譜。内容多爲宋明以來文章至清四庫館臣引征。

對於傳爲閻立本所繪蕭翼賺蘭亭圖，董逌據秦再思紀異録"飲必羽煎"内容考證其當爲陸羽點茶圖：

> 將作丞周潛出圖示余曰：此蕭翼取蘭亭叙者也。其後書跋衆矣，不考其説，爰聲據實，謂審其事也。余因考之：殿居邃嚴，飲茶者僧也，茶具猶在，亦有監視而臨者，此豈蕭翼謂哉？觀孔延之記，蕭翼事商販而求受業，今爲士服，蓋知其妄。余聞紀異言：積師以嗜茶……於是歎師知茶，出羽見之。此圖是也。故曰陸羽點茶圖。①

這則故事，可能會從兩方面影響陸羽重新審視其對佛教的態度。一是代宗成爲陸羽與師父再度見面的促成者，這個當世身份最高的中間人，或許會影響陸羽對佛教的態度。陸羽棄教的一個重要原因，是唐玄宗對於孝道——實際也即是對儒家的推崇。代宗召智積師父"入内供奉"，即請智積爲代宗講法，或當改觀陸羽從對國家重要性的層面

---

① 廣川畫跋卷二書陸羽點茶圖後。

上對佛教的判斷。二是智積知茶，對陸羽有識茶之恩，已經非陸羽之茶不飲的他，在陸羽出遊江湖四五載之後，甚至於“絶味于茶”，陸羽在皇宫裹得知這樣的事情，内心當會受到衝擊，情感上也會重新親近師父，進而影響他對佛教的態度。

然而茶經在見皎然之時已經成書，更是早在見智積師之前成書。

據陸羽陸文學自傳，上元二年（761），他已經著有“君臣契三卷，源解三十卷，江表四姓譜八卷，南北人物志十卷，吴興曆官記三卷，湖州刺史記一卷，茶經三卷，占夢上、中、下三卷，並貯於褐布囊”，則茶經初稿成於寫自傳之前。此前一年，陸羽至湖州後“結廬於苕溪之湄，閉關對書”，自己結廬而居，在皎然和尚到湖州居妙喜寺後，又曾與之“同居妙喜寺”①。所以陸羽茶經中的佛教因素漉水囊是在受到皎然的影響之前。

紀異録記陸羽于唐宫廷中再見智積師父是在代宗時（762—779），已經與皎然定交之後，如前所論，再見智積很可能是陸羽對佛教的轉念之機，更在茶經成書之後。所以，茶經中列佛家用具“漉水囊”爲茶具二十四器之一，表明的是陸羽早年寺院生活影響之沉積，是佛教核心因素在陸羽身上文化基因一般的存在。即使他離棄了師父、寺

① 辛文房唐才子傳卷四皎然傳，見周本淳唐才子傳校正，江蘇古籍出版社 1987 年版，第 120 頁。

院和佛教，早年寺院生活影響之沉積，成爲根植在他心底深處的佛教因素，在最不經意的地方，悄無聲息地彰顯出來。

從茶器“漉水囊”此一器物可以看到佛教對陸羽影響的潛移默化。因爲對於一般俗家大衆而言，以瓢勺取清水即可，濾水之具既非常用，更非必需。但對於僧徒而言，水用漉水囊過濾，則可以濾出水中“八萬四千”“無量”細微生命並放生，濾水之具則是必需品。

二　關於漉水囊

“漉水囊”在佛教中的重要地位由來有自，漢傳律論，無論大小乘或律宗，經典中規定佛子諸般隨身物品皆有“漉水囊”。如梵網經“菩薩戒”：“若佛子！常應二時頭陀，冬夏坐禪，結夏安居。常用楊枝，澡豆，三衣，瓶，鉢，坐具，錫杖，香爐奩，漉水囊，手巾，刀子，火燧，鑷子，繩床，經，律，佛像，菩薩形像。而菩薩行頭陀時及游方時，行來百里千里，此十八種物常隨其身。頭陀者。從正月十五日至三月十五日，八月十五日至十月十五日。是二時中，此十八種物，常隨其身，如鳥二翼。”① 又摩訶僧祇律卷第三云：“隨物者，三衣、尼師壇、覆瘡衣、雨浴衣、鉢、大犍稚、小犍稚、鉢囊、浴囊、漉水囊、二種腰帶、刀子、

① 梵網經卷二盧舍那佛説菩薩心地戒品，大正藏第 24 册，第 1008 頁。

銅匙、鉢支、針筒、軍持、澡罐、盛油皮瓶、錫杖、革屣、傘蓋、扇及餘種種所應畜物，是名隨物。”①

關於漉水囊的緣起，四分律卷五十二記佛在舍衛國時言：“不應用雜蟲水，聽作漉水囊。”又言：“比丘不應無漉水囊行②乃至半由旬。若無，應以僧伽梨角漉水。”③ 摩訶僧祇律卷十八：“比丘受具足已，要當畜漉水囊，應法澡盥。比丘行時應持漉水囊。”④ 即比丘在受具足戒後，漉水囊即成爲他們隨身必備的物品之一，用之才能如法用水。

十誦律則載有“漉水囊法”：“漉水囊法者，比丘無漉水囊，不應遠行。若有净水若河水流水，又復二十里有住處，不須漉水囊，是名漉水囊法。”⑤

菩薩戒十重戒中殺戒最居第一，菩薩以慈爲本，衆生以命爲貴也。關於漉水囊對於放生、護生的意義，薩婆多毘尼毘婆沙所言最詳，其卷六九十事第十九言：

> 此是共戒，比丘、尼俱波逸提，三衆突吉羅。凡殺生有三種：有貪毛角皮肉而殺衆生；有怨憎恚害而殺衆生；有無所貪利有無瞋害而殺衆生，是名愚癡而

---

① 東晉天竺三藏佛陀跋陀羅共法顯譯摩訶僧祇律卷三，大正藏第22册，第245頁。

② 五分律卷第二十六，佛言：“從今不聽無漉水囊行，犯者突吉羅”，大正藏第22册，第173頁。

③ 四分律卷五十二，大正藏第22册，第954頁。

④ 摩訶僧祇律卷十八，大正藏第22册，第373頁。

⑤ 十誦律卷五十七，大正藏第23册，第422頁。

> 殺衆生。如闡那用有蟲水，是謂癡殺衆生。此殺生戒凡有四戒，於四戒中此戒最是先結。既結不得用有蟲水澆草土和泥，便取有蟲水飲。既不得用一切有蟲水，便故奪畜生命。既制不得奪畜生命，便奪人命。凡奪物命有四結戒，以事異故盡名先作。是中犯者，若比丘取有蟲水澆草土和泥，隨用水多少，用波逸提。若欲作住止處，法先應看水，用上細迭一肘作漉水囊，令持戒審悉者漉水竟，着器中向日諦看。若故有蟲者，應二重作漉水囊、若三重作漉水囊。故有蟲者，此處不應住。①

殺生有三種，而用有蟲水爲“癡殺衆生”，於殺生四戒中“最是先結”，既結此戒，則不得用有蟲水澆草土和泥及取飲。爲守此戒，佛家在選定住止處時“法先應看水”，如果用三重漉水囊仍不能將水中蟲濾盡，則“此處不應住”。而如果不能守此戒，就犯墮罪：“若比丘用有蟲水煮飯、羹湯、浣染、洗口身手足一切用者，隨爾所蟲死，一一波逸提。”②

有關漉水囊之形制，四分律卷五十二有佛言之制之種

---

① 薩婆多毘尼毘婆沙卷六九十事第十九，大正藏第23册，第545頁。

② 薩婆多毘尼毘婆沙卷八第三誦九十事第四十一，大正藏第23册，第552頁。波逸提：六聚罪之第四，譯爲墮，犯戒律之罪名，由此罪墮落於地獄，故名墮罪。

種不同：“不應用雜蟲水，聽作漉水囊。……如勺形，若三角，若作撗郭，若作漉瓶。若患細蟲出，聽安沙囊中。……聽還安著水中。”① 按：佛教中漉水之物有多種，據根本薩婆多部律攝卷十一“受用有蟲水學處”載佛又言：“應知濾物有其五種：一、謂方羅；二、謂法瓶；三、君持迦；四、酌水羅；五、謂衣角。”② 四分戒本如釋對此有詳解：“應知濾物有其五種：一謂方羅，應用細密絹，一尺二尺，隨時大小。二謂法瓶，即陰陽瓶。三謂君持迦，乃瓶也。以絹鞔口，細繩系項，沉放水中，待滿引出。仍須察蟲，無方受用。四謂酌水羅，即小團羅子。五謂衣角羅，應取密絹方一磔許，或系瓶口，或置碗口，濾濟時須。非是袈裟角也。”③ 漉水囊只是多種漉物中的一種，稱、用最多而已。

唐僧義淨（635—713）于高宗咸亨二年（671）由海道往印度求學，遊歷三十餘國，歸國途中在南海室利佛逝國停留時，把他在印度及其所曆南亞諸國各處實地考察所得的四十條佛教儀軌戒律，撰成南海寄歸内法傳。在其卷第一七、晨旦觀蟲中記録了彼時南亞諸國漉水具——水羅（“水羅是六物之數，不得不持”）的製法：“凡濾水者，西方用上白疊，東夏宜將密絹，或以米揉、或可微煮。若

① 四分律卷五十二，大正藏第 22 册，第 954 頁。

② 三藏法師義浄奉制譯根本薩婆多部律攝卷十一，大正藏第 24 册，第 589 頁。

③ 明廣州沙門釋弘贊在犙繹四分戒本如釋卷第九飲用蟲水戒第六十二，卍新續藏第 40 册，第 267 頁。

是生絹，小蟲直過。可取熟絹笏尺四尺，捉邊長挽襵取兩頭刺使相着，即是羅樣。兩角施帶、兩畔置㲉，中安横杖，張開尺六，兩邊系柱，下以盆承。”①

北宋元豐三年（1080）餘杭沙門元照作佛制比丘六物圖，六物者：“一僧伽梨，二鬱多羅僧，三安陀會，四鉢多羅，五尼師壇，六漉水囊”，即三衣、上衣、裏衣、鉢、坐具、漉水囊，是十八隨物中最基礎最必備的六物。其叙漉水囊：“物雖輕小，所爲極大。出家慈濟，厥意在此。今上品高行，尚飲用蟲水，況諸不肖，焉可言哉。”言出道宣四分律删繁補闕行事鈔②。元照認爲四分律關於漉水囊的做法是“私用者”，亦即爲個人所用者，另録南海寄歸内法傳公共所用漉水囊的製法：“若置於衆處，當準寄歸傳式樣：用絹五尺，兩頭立柱，釘鉤着帶系上，中以横杖撑開，下以盆盛等。”③

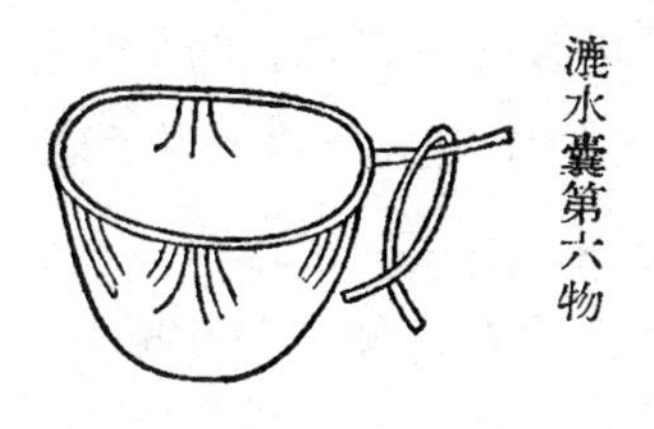

佛制比丘六物圖·六漉水囊

① 義浄南海寄歸内法傳，大正藏第 54 册，第 208 頁。

② 宗賾禪苑清規附新添濾水法所録此論即在“宣律師”名下，見蘇軍點校禪苑清規，中州古籍出版社，2001 年版，第 137 頁。

③ 元照佛制比丘六物圖，大正藏第 45 册，第 901 頁。

三　唐人與漉水囊

唐代佛教宗派開枝散葉，但於戒律所論的戒癡殺用漉水囊依然遵奉。釋道世法苑珠林成于高宗總章元年(668)，“大指以佛經故實分類編排，推明罪福之由，用生敬信之念”，其卷八二放生篇引證部：“梵綱經云：若佛子，以慈心故，行放生業”，“比丘若行二十里外，無漉水囊，犯罪”。

陸羽於上元二年（761）之前撰成茶經初稿，大抵在此之後，漉水囊亦常見於諸文人與佛子的文字之中。

代宗大曆（766—779）時起茶宴初興，主要流行在浙東、浙西地區（唐時浙西包括今江蘇南部的蘇州、鎮江等地區），文人茶宴賦詩，尤以聯句（又稱聯唱）爲多。據學者研究，廣德元年（763）至大曆五年（770）鮑防[1]（722—790）任浙東觀察使薛兼訓的從事時，周圍先後集結了五十多位詩人，創作出五十多首聯句唱和詩等詩作，當時被編爲大歷年浙東聯唱集二卷[2]流傳。浙東文人群曾於大曆四年（769）在雲門寺濟公之上方聚會，同作偈子。據鮑

① 鮑防，字子慎。天寶十二載（753）登進士第，大曆初爲浙東節度使薛兼訓從事，五年（770）入朝爲職方員外郎。在浙東時，爲越州詩壇盟主，與嚴維等聯唱，編爲大歷年浙東聯唱集二卷，與謝良輔合稱“鮑謝”。事蹟見全唐文卷七八三穆員鮑防碑、舊唐書卷一四六、新唐書卷一五九。

② 新唐書卷六〇藝文志著録大歷年浙東聯唱集二卷。

防雲門寺濟公上方偈序："己酉歲，僕忝尚書郎司浙南之武。時府中無事，墨客自台省而下者凡十有一人，會雲門濟公之上方，以偈者，贊之流也，姑取于佛事云。"① 而題材 11 事俱取於與佛教有關者。如鮑防所寫護戒刀，缺名所寫澡瓶、班竹杖，杜倚所寫漉水囊，都是佛子隨身十八種常物之一。杜倚漉水囊偈云："裂素成器，給我救彼。密淨圓靈，護生絜水。"稱讚漉水囊能夠"給我救彼"、"護生絜水"，則是準確地點出了漉水囊在佛徒生活中的重要作用，對於僧徒來説，漉水囊不僅能夠給我絜水，同時關鍵也是還能救彼護生。

與陸羽關係密切的詩僧皎然亦賦有一首漉水囊詩春夜賦得漉水囊歌送鄭明府：

吴縑楚練何白皙，居士持來遺禪客。
禪客能裁漉水囊，不用衣工秉刀尺。
先師遺我式無缺，一濾一翻心敢赊。
夕望東峰思漱盥，曨曨斜月懸燈紗。
徙倚花前漏初斷，白猿争嘯驚禪伴。
玉瓶徐瀉賞涓涓，濺着蓮衣水珠滿。
因識仁人爲宦情，還如漉水愛蒼生。
聊歌一曲與君别，莫忘寒泉見底清。②

---

① 鄒志方會稽掇英總集點校卷一五，人民出版社，2006 年版，第 211—212 頁。

② 杼山集卷七，第 75 頁。

歷經儒、道、釋三教的皎然和尚，從儒、釋兩家出發稱讚漉水囊，“因識仁人爲宦情，還如漉水愛蒼生”，儒者當政，仁愛爲人，一如釋家用漉水囊之愛蒼生。

大曆中起居舍人包何同李郎中浄律院梡子樹：“木梡稀難識，沙門種則生。葉殊經寫字，子爲佛稱名。濾水澆新長，燃燈暖更榮。亭亭無别意，只是勸修行。”① 白居易送文暢上人東遊：“得道即無著，隨緣西復東。貌依年臘老，心到夜禪空。山宿馴溪虎，江行濾水蟲。悠悠塵客思，春滿碧雲中”②，記僧人行游時“江行濾水蟲”。僧人智暹律僧詩云：“濾水與籠燈，長長護有情。自從青草出，便不下階行。北闕應無夢，南山舊有名。將何喻浮世，惟指浪漚輕。”③ 言律僧遵守戒律，濾水護水蟲、籠燈護飛蟲、不踐新生草等種種護生。唐求贈行如上人：“不知名利苦，念佛老岷峨。衲補雲千片，香燒印（一作焚篆）一窠。戀山人事少，憐客道心多。日日齋鐘後，高懸濾水羅。”④ 記行如上人每日於齋飯後，將濾水羅高高掛起。

白居易之弟白行簡甚至還專門作有濾水羅賦（以濾彼水蟲疎而無漏爲韻），其文曰：

羅之名兮惟一，羅之用兮不同。彼以獲禽爲利，

---

① 全唐詩卷二〇八，中華書局 1999 年版（增訂本），第 2171 頁。
② 全唐詩卷四三六，第 4844 頁。
③ 宋李龏編唐僧弘秀集卷十，文淵閣四庫全書本。
④ 全唐詩卷七二四，第 8386 頁。

> 此以救物爲功。象夫天而圓其外，體乎道而虛其中。執拯溺之心，忘乎雲鳥；表好生之德，及其水蟲。觀其膺用之初，裁成之始。利物提挈，順時行止。夕掛於壁，若滿月之在天；曉用於人，狀圓荷之在水。……且夫環之勁鐵，取其堅而不朽；羃以輕紗，取其疎而無漏。彰妙用於不凡，表深仁而善救。濾顔生之瓢，水欲飲而徐清；漉范令之釜，魚將烹而獲宥。……斯則用資於生，不資於殺；仁在乎密，不在乎疎。夫以道存仁恕，水何大而不濾；物莫隱欺，蟲何微而見遺。雖焦螟之生必全，有以小爲貴者；江漢之流雖大，盡可一以貫之。功且知其至矣，用甯憂於已而。客有撫而歌曰：玉卮無當兮安可擬，風瓢有聲兮不足比。惟濾羅之用也大哉，故取此而去彼。①

用優美的文字形象地描繪了濾水羅象天體道的形制、好生救物的功用。

總體上看，漉水羅在唐代得到僧俗兩界的重視，僧人們在戒律的範圍内奉行漉水囊法。

四　宋代及之後的漉水囊與漉水法

六祖慧能（638—713）“自心即佛”的“頓教”法門奠定了禪宗的基礎，而在戒律方面，亦倡行不執戒相、心

① 李昉等編文苑英華卷一一〇，中華書局 1966 年版，第 502 頁。

性爲體的“無相戒”法，“自歸依三身佛”[①]，擯棄以往律學的各種主張，將“戒體”統一于“修體”，並定“修體”爲無相。慧能“不道之道”禪修理論，引發了中土“無修之修”的禪行生活[②]。無相戒法，只求心戒，是一種迴異于傳統持戒的戒法，對後世傳戒制度産生重大的影響。

慧能的再傳弟子馬祖道一（709—788）則更提出“平常心是道”的命題，提出“只如今行住坐卧，應機接物盡是道。”[③] 馬祖以後，自身宗風的變化，加之種種的歷史機緣，禪宗在中國迅速發展，僧團不斷擴大。道一的法嗣百丈懷海禪師有感于禪宗“説法住持，未合規度，故常爾介懷”[④]，因而别創禪林，改變禪僧寄居律院的局面，並且大約在自唐順宗至憲宗的十幾年間（805—814）制立禪門共居規約禪門規式，宋元時期形成完備的叢林清規，在戒律方面完成了中國化的轉變，從制度上保證僧團的管理與發展。

在“行住坐卧、應機接物盡是道”的背景下，傳統戒

---

① 慧能壇經，大正藏第48册南宗頓教最上大乘摩訶般若波羅蜜經六祖慧能大師于韶州大梵寺施法壇經，第339頁。

② 温金玉六祖慧能“無相戒”法，2013年9月六祖慧能圓寂1300周年學術研討會。

③ 道原景德傳燈録卷二八諸方廣語江西大寂道一禪師語，見顧宏義景德傳燈録譯注，上海書店出版社，2009年版，第5册，第2252頁。

④ 景德傳燈録卷六洪州百丈懷海禪師附禪門規式，景德傳燈録譯注，第1册，第428頁。

律比丘必備之物漉水囊及其濾水法，也發生了變化。北宋元豐三年餘杭沙門元照作佛制比丘六物圖，其六漉水囊依然引録道宣的文字，表明漉水囊的狀況甚不樂觀："今上品高行，尚飲用蟲水，況諸不肖，焉可言哉。"甚至"有不肖之夫，見執漉囊者言：律學唯在於漉袋。"① 北宋孤山沙門智圓撰漉囊贊（並序）："去聖既遠，制度頹壞。殆耳其空言而不目其事實也。今之僧尚不識其規模狀貌，況禀之而日行乎?"② 認爲是因爲去聖日遠，今世僧人不識漉囊狀貌制度，更何從實行? 元照認爲更有甚者，"今有然不知所爲處深：損生妨道者，猶不畜漉袋，縱畜而不用，雖用而不瀉蟲，雖瀉而損蟲命。且存殺生一戒，尚不遵奉。餘之威儀見命，常没其中。"

北宋崇寧二年（1103），浄土宗、雲門宗僧人宗賾編著禪苑清規十卷，是中國佛教現存最早的清規典籍，對宋元時期中國佛教寺院制度禮儀的發展發揮了重要影響。有感于漉水囊法之有戒不守，宗賾在禪苑清規十卷之外，自撰新添濾水法（並頌），集傳統律論中與漉水有關的内容及名僧大德的言行，並爲之作頌，反復闡述濾水法的重要性。首以"菩薩戒經十八種物中濾水囊第九，常隨其身，如鳥二翼。"次以"大集經云：畜生身細，猶如微塵十分之一，大者百萬由延。故知濾水是大慈悲，乃成佛之因也。""義

① 元照佛制比丘六物圖，大正藏第45册，第901頁。
② 智圓閒居編第十四，卍新續藏第56册，第886頁。

淨三藏放生儀云：濾食水之人，來世當生淨土。”期望大衆“殷勤濾水存悲濟”，成就“來世生淨土”、“將來成佛因”。“他年淨土微塵佛，盡是羅中漉出來。”在現世中，雖然“世云濾羅難安多衆”，宗賾自己則一直在其主持的寺院中勉力實踐濾水之法：

> 崇寧元年于洪濟院廚前井邊安大水檻，上近檻唇别安小檻，穿角傍出。下安濾羅，傾水之時全無迸溢，亦無大衆沾足。浴院後架仿此，僧行東司亦皆濾水，出家之本道也。後住長蘆，諸井濾水二十餘處。常住若不濾水，罪歸主執之人。普冀勉而行之。①

此後至明清，仍不時有僧人論述漉水囊，“漉水囊，護生行慈之要物也，故在六物之數。凡爲僧者，不可旦夕離身。其底用緻練，其匡用鐵。初漉時，須深諦視。還放時，切忌損傷。大行由此而生，切莫輕爲小物。”② 也有僧人呼籲，“汝當存誠持守。竭力恢張。豈止四生有賴。抑使三寶增光。”③ 然而於漉水一法的輕戒破戒畢竟呈顯無遺。

五　結語：漉水囊的如法之廢

陸羽在茶經卷下九之略中提出可以不用漉水囊的條件：

---

① 宗賾禪苑清規附新添濾水法，第 142 頁。

② 晚明元賢律學發軔卷下，卍新續藏第 60 册，第 570 頁。

③ 沙彌律儀毗尼日用合參卷下，卍新續藏第 60 册，第 410 頁。

“若瞰泉臨澗，則水方、滌方、漉水囊廢。”從南朝宋元嘉年僧伽跋摩譯薩婆多部毘尼摩得勒伽所論可知並不犯戒：“云何漉水囊？無漉水囊不得遠行，除江水浄、除湧泉浄、除半由延内。若半由延内寺寺相接，不持漉水囊，不犯。”①“瞰泉臨澗”同“江水浄、湧泉浄”，故而“不持漉水囊”並不犯戒。

茶經中對於漉水囊的使用與止用皆合於戒律，實是看似未及佛教内容的茶經的佛教内核。

（載禪茶第一輯，中國文史出版社 2020 年 1 月）

---

① 薩婆多部毘尼摩得勒伽卷第六，大正藏第 23 册，第 604 頁。

引用書目

周禮，中華書局1980年影印十三經注疏本

莊子，上海書店1986年影印諸子集成本

詩經，中華書局1980年影印十三經注疏本

周易，中華書局1980年影印十三經注疏本

爾雅，中華書局1980年影印十三經注疏本

晏子春秋，上海書店1986年影印諸子集成本

左傳，中華書局1980年影印十三經注疏本

楚辭集注，宋朱熹集注，中華書局1991年叢書集成初編本

神農本草經，三國魏吴普等述，中華書局1985年版叢書集成初編本

史記，漢司馬遷撰，中華書局1959年點校本

釋名，漢劉熙撰，中華書局1985年版叢書集成初編本

説文解字，漢許慎撰，宋徐鉉注，中華書局1985年版叢書集成初編本

漢書，漢班固撰，中華書局 1962 年點校本

淮南子，漢淮南王劉安撰，上海書店 1986 年影印諸子集成本

急就篇，漢史游撰，唐顏師古注，中華書局 1962 年點校本

毛詩草木鳥獸蟲魚疏，三國吴陸璣撰，中華書局 1985 年版叢書集成初編本

曹子建集，三國魏曹植撰，上海古籍出版社 1993 年版四部精要本

廣雅疏證，三國魏張揖撰，清王念孫疏證，中華書局 1985 年版叢書集成初編本

古今注，晉崔豹撰，上海商務印書館 1956 年版

三國志，晉陳壽撰，陳乃乾校點，中華書局 1959 年版

搜神記，晉干寶撰，汪紹楹校注，中華書局 1979 年版

續搜神記，晉陶潛撰，上海古籍出版社 1988 年影印説郛三種本

荆州記，南朝宋盛弘之撰，湖北人民出版社 1999 年荆州記九種點校本

異苑，南朝宋劉敬叔撰，范寧點校，中華書局 1996 年版

鮑明遠集，南朝宋鮑照撰，明萬曆十一年（1583）刊漢魏諸名家集本

後漢書，南朝宋范曄撰，唐李賢等注，中華書局 1965

年點校本

世説新語箋疏，南朝宋劉義慶撰，余嘉錫箋疏，上海古籍出版社 1993 年版

詩品，南朝梁鍾嶸撰，陳延傑注，人民文學出版社 1961 年版

玉臺新詠箋注，南朝陳徐陵撰，穆克宏點校，中華書局 1985 年版

玉篇，南朝梁顧野王撰，中華書局 1936 年版四部備要本

南齊書，南朝梁蕭子顯撰，中華書局 1972 年點校本

高僧傳，南朝梁釋慧皎撰，湯用彤校注，中華書局 1992 年版

齊民要術校釋，後魏賈思勰撰，繆啟愉校釋，中國農業出版社 1998 年版

水經注，北魏酈道元撰，陳橋驛注釋，浙江古籍出版社 2001 年版

洛陽伽藍記譯注，後魏楊衒之撰，周振甫譯注，江蘇教育出版社 2006 年版

劉子新論，北齊劉晝撰，明萬曆二十年（1592）程榮刻本

魏書，北齊魏收撰，中華書局 1974 年點校本

隋書，唐魏徵、令狐德棻撰，中華書局 1973 年點校本

北史，唐李延壽撰，中華書局 1974 年點校本

南史，唐李延壽撰，中華書局 1975 年點校本

括地志輯校，唐李泰等撰，賀次君輯校，中華書局 1980 年版

新修本草，唐李勣、蘇敬等撰，上海群聯出版社 1955 年影印清籑喜廬叢書本

續高僧傳，唐釋道宣撰，明萬曆徑山藏本

藝文類聚，唐歐陽詢撰，汪紹楹校，上海古籍出版社 1982 年版

元和郡縣圖志，唐李吉甫撰，賀次君點校，中華書局 1983 年版

梁書，唐姚思廉撰，中華書局 1973 年點校本

唐國史補，唐李肇撰，上海古籍出版社 1979 年版

因話録，唐趙璘撰，上海古籍出版社 1979 年版

備急千金要方，唐孫思邈撰，清康熙三十年（1691）江西刻本

晉書，唐房玄齡等撰，中華書局 1974 年點校本

北堂書鈔，唐虞世南撰，明萬曆二十八年（1600）刻本

大業雜記，唐杜寶撰，辛德勇輯校，三秦出版社 2006 年版

茶述，唐裴汶撰，浙江攝影出版社 1999 年中國古代茶葉全書輯校本

膳夫經手録，唐楊曄撰，清毛氏汲古閣抄本

松陵集，唐皮日休、陸龜蒙撰，文淵閣四庫全書本

四時纂要，唐五代韓鄂撰，農業出版社 1981 年校釋本

茶譜，五代毛文錫撰，浙江攝影出版社 1999 年中國古代茶葉全書輯校本

舊唐書，後晉劉昫等撰，中華書局 1975 年點校本

太平寰宇記，宋樂史撰，中華書局 2000 年影宋版

太平御覽，宋李昉等撰，中華書局 1960 年影宋版

文苑英華，宋李昉等編，中華書局 1966 年影宋明版

册府元龜，宋王欽若等編，中華書局 1960 年影明版

事類賦注，宋吴淑撰，冀勤等校點，中華書局 1989 年版

集韻，宋丁度等編，中華書局 2005 年版

新唐書，宋歐陽修、宋祁撰，中華書局 1975 年點校本

唐會要，宋王溥撰，中華書局 1955 年重印國學基本叢書本

崇文總目，宋王堯臣等編次，錢東垣等輯釋，中華書局 1985 年版叢書集成初編本

重修政和經史證類本草，宋唐慎微撰，上海書店 1989 年版四部叢刊初編本

埤雅，宋陸佃撰，書目文獻出版社 1988 年版北京圖書館古籍珍本叢刊本

爾雅翼，宋羅願撰，文淵閣四庫全書本

海録碎事，宋葉廷珪撰，李之亮校點，中華書局 2002 年版

輿地紀勝，宋王象之撰，中華書局 1992 年版

玉海，宋王應麟撰，日本東京中文出版社 1984 年版中日合璧影印本

通志，宋鄭樵撰，中華書局 1987 年影印十通本

路史，宋羅泌撰，中華書局 1985 年版叢書集成初編本

歲時雜詠，宋蒲積中撰，文淵閣四庫全書本

唐詩紀事，宋計有功撰，上海古籍出版社 1987 年版

後山集，宋陳師道撰，文淵閣四庫全書本

記纂淵海，宋潘自牧撰，中華書局 1988 年影印本

金石録校證，宋趙明誠撰，金文明校證，廣西師範大學出版社 2005 年版

萬首唐人絶句，宋洪邁輯，北京文學古籍刊行社 1955 年影印明刻本

方輿勝覽，宋祝穆撰，施和金點校，中華書局 2003 年版

侯鯖録，宋趙令畤撰，中華書局 2002 年校點本

畫墁録，宋張舜民撰，中華書局 1991 年校點本

六書故，宋戴侗撰，文淵閣四庫全書本

宋史，元脱脱等撰，中華書局 1977 年點校本

唐才子傳校正，元辛文房撰，周本淳點校，江蘇古籍出版社 1987 年版

茗笈，明屠本畯撰，毛氏汲古閣群芳清玩刻本

本草綱目，明李時珍撰，人民衛生出版社 1978 年版

天中記，明陳耀文撰，明萬曆刻本

大明一統志，明李賢、萬安等撰，明嘉靖書林楊氏歸仁齋刻本

吴興掌故集，明徐獻忠撰，上海書店 1994 年版叢書集成編本

弇州四部稿，明王世貞撰，文淵閣四庫全書本

蜀中廣記，明曹學佺撰，文淵閣四庫全書本

浙江通志，清嵇曾筠等修，上海古籍出版社 1991 年版

方言箋疏，清錢繹撰，上海古籍出版社 1984 年影印清光緒十六年紅蝠山房本

全上古三代秦漢三國六朝文，清嚴可均校輯，中華書局 1958 年影印廣雅書局本

康熙字典，上海漢語大詞典出版社 2005 年標點整理本

大清一統志，清和珅等修，文淵閣四庫全書本

同治湖州府志，清宗源翰等修纂，上海書店 1993 年中國地方志集成影印清同治刻本

光緒永嘉縣志，清張寶琳等修，上海書店 1993 年中國地方志集成影印清光緒刻本

光緒沔陽州志，清葛振元、楊鉅修纂，江蘇古籍出版社 2001 年中國地方志集成影印清光緒刻本

四庫全書總目，中華書局 1965 年版

全唐詩，中華書局1965年版

中國小説史略，魯迅撰，人民文學出版社1955年版魯迅全集第九卷

漢語大字典，湖北辭書出版社、四川辭書出版社1996年版

中國通史，范文瀾等撰，人民出版社1978年版

中國茶酒辭典，張哲永、陳金林、顧炳權主編，湖南出版社1991年版

敦煌醫藥文獻輯校，馬繼興等輯校，江蘇古籍出版社1998年版

茶經淺釋，張芳賜、趙從禮、喻盛甫撰，雲南人民出版社1981年版

陸羽茶經譯注，傅樹勤、歐陽勳撰，天門文藝增刊1981年版

茶經語釋，蔡嘉德、吕維新撰，農業出版社1984版

茶經述評，吴覺農主編，農業出版社1987版，2005年第二版

茶經論稿，陸羽研究會編，武漢大學出版社1988年版

陸羽茶經校注，周靖民撰，湖南出版社1992年版中國茶酒辭典附

中國古代茶葉全書，阮浩耕、沈冬梅、于良子點校，浙江攝影出版社1999年版

陸羽茶經解讀與點校，程啓坤、楊招棣、姚國坤撰，

上海文化出版社 2003 年版

茶經考略，程光裕撰，臺灣文化大學華岡學報第 1 期

陸羽全集，張宏庸編，臺灣茶學文學出版社 1985 年版

茶經，吴智和撰，臺北金楓出版社 1987 年版

陸羽茶經講座，林瑞萱撰，臺北武陵出版有限公司 2000 年版

中國の茶書，布目潮渢等撰，日本平凡社 1976 年版

茶經詳解，布目潮渢撰，日本淡交社 2001 年版

中國茶書全集，布目潮渢編，日本汲古書院 1987 年版

茶道古典全集第一卷，千宗室總監修，日本淡交社 1977 年版

後　記

茶經是茶文化經典中的經典，從 1990 年我最初接觸茶文化時，就著手校勘茶經，以爲這是茶文化研究最基礎的工作之一。經過十五六年數次茶經校勘工作，最終於 2006 年在全國古籍整理出版規劃領導小組的資助下完成了茶經校注的整理與出版。

茶經校注初版以來已經歷 14 個春秋，期間爲多所院校與茶有關的專業選爲教學用書，在此謹向同道同行們深表謝忱。十幾年來，茶文化與茶産業比翼齊飛，在民族復興、文化再度自信的歷史進程中起著不可或缺的作用，建塔聚沙，本書也效力綿薄。

多年來，本人對茶經的研究，得到古籍專家許逸民先生、南京農業大學教授朱自振先生、中國農業出版社穆祥桐先生、唐史大家前輩同仁李斌城先生的指教與幫助，在此誠致謝意。特別感謝中華書局胡珂女史，使本書得以修訂出版。

此次修訂，包括對校注部分內容的訂正以及行政區劃調整後古地名當今屬地等的改訂，並增加多年來發表的茶經研究三篇論文。期待與學界、文化界同仁一起，更進一步推進茶經相關研究。

作者

2021 年 1 月 21 日於北京望京花園